REALIZATION DESIGN
——PLANE FORM AND
COSTUME DESIGN APPLICATION

实现设计

——平面构成与服装设计应用

DESIGNER MANUAL

DETAILED CASE ANALYSIS

METHODS OF REALIZATION DESIGN

PRACTICAL EXAMPLES

周少华 著

中国纺织出版社

内容提要

《实现设计——平面构成与服装设计应用》是一本在时尚行业中学习、工作、发展的人们必不可少的书籍。本书通过文字与图片结合说明以及对设计的分析，对实现设计——平面构成与服装设计应用的原理、应用方法进行了专业的讲解，详述了平面构成知识原理与服装设计之间应用的互通性和平面构成方法与服装造型设计之间的关联性。

本书以专业的眼光和独特的视角，为注重实践、充满文化内涵的时装业人士提供了非常直接的技术参考资料。

图书在版编目（CIP）数据

实现设计：平面构成与服装设计应用/周少华著.—北京：中国纺织出版社，2012.6

ISBN 978-7-5064-7962-2

I.①实… II.①周… III.①服装设计－平面构成（艺术）—高等学校—教材 IV.①TS941.2

中国版本图书馆CIP数据核字（2011）第212691号

策划编辑：刘 磊 向映宏 责任编辑：韩雪飞
责任校对：王花妮 责任印制：陈 涛

中国纺织出版社出版发行
地址：北京东直门南大街6号 邮政编码：100027
邮购电话：010—64168110 传真：010—64168231
http://www.c-textilep.com
E-mail:faxing@c-textilep.com
北京雅迪彩色印刷有限公司印刷 各地新华书店经销
2012年6月第1版第1次印刷
开本：889×1194 1/20 印张：11
字数：177千字 定价：48.00元

Detailed case analysis

Designer manual

REALIZATION DESIGN —— PLANE FORM
AND COSTUME DESIGN APPLICATION

实现设计

——平面构成与服装设计应用

周少华 著

Methods of realization design

Practical examples

INTRODUCTION

构成是指两种以上的单元重新组合成为一个新的单元，是一种造型组合概念，更具有哲学和科学的含义，如：对象要素分解与组合，使新的功能显现等。研究形象构成的科学是研究如何创造形象，形与形之间怎样组合以及形象如何排列等，从而发现创造形态和视觉的方法。

　　平面构成与服装设计应用方法是借助平面构成原理，实现服装的科学设计创造，是基于基本款式造型形式，在款式平面形态上按一定的设计原理进行设计策划，反映服装构成现象、变化与运动规律性，表现具体的形象特征，使之变成美的符号的服装综合设计过程。平面构成与服装设计应用不是简单地模仿具体的物体形象来进行服装设计，而是以三维款式基础形态为基础，强调客观的构成规律，把自然界中存在的复杂过程，用最简单的点、线、面进行分解、组合、变化，反映客观现实所具有的规律，是一种高度强调理性活动的、自觉的、有意识的设计再创造。在整个设计过程中，该方法运用了数学逻辑、视觉反应和视觉效果等原理和手段，构成具有目的的服装空间深度，并突出它的运动规律，表现出超越时间、空间的款式效果美。

　　平面构成与服装设计应用与传统的服装设计有所区别。传统的服装设计是在非常正规的设计中反复求变化，像是在服装款式平面上表现一种规整、呆板的统一，而平面构成与服装设计应用方法旨在突破传统服装设计惯例，使设计在本质上增强款式构成的运动感和空间韵律，使设计后的服装有一种二维创造、三维和谐的效果，在款式设计造型中，形的数量等级和加减、位置的远近和聚散、方向正反转折等变化，以及结构上整体与局部设计等，是基于人体与款式基础，运用了"以型变形"的方法手段，使服装款式形态有组织、有秩序、有动感地组合构成，使服装设计在满足人穿着功能的同时，给人的视觉和心理带来和谐美的享受。

　　在造型过程中，平面构成与服装设计应用方法不仅强调款式形态构成设计知识，要想把握该方法和技术的精髓，变通应用也非常必要。独特而丰富的构想和对美的深刻感悟是必备的素质，也是创造设计艺术构成的不可缺少的要素。应该从服装设计基本造型规律出发，结合构成方法，在系统训练中开展造型设计实践和理论分析，以培养设计的创造力和基础造型能力。

　　除了以上阐述的内容，平面构成与服装设计应用学习还要求设计者深刻的掌握平面构成基础知识。平面构成知识是艺术设计专业的入门知识，在由浅入深、循序渐进的艺术设计过程中，它对于造型起到了科学创造的辅助作用。平面构成知识本身就是对造型艺术的基础性、本质性问题的系统分类构建，如：形态、色彩、质感、构图、表现力和美感等，把造型涉及的因素部分按一定的法则予以综合构成。它在多方面探讨形式本质、寻求创造力的种种可能性中，以点、线、面、体等抽象形态为主要构成要素，在某种程度上借助逻辑推理方法丰富造型手段，使美的构成表现艺术化、科学化、持续化。

　　我们知道，设计意味着对预期目的的创造，它需要设计师具有对设计知识的系统化和综合掌控能力。平面构成与服装设计应用就是对服装设计创造力的培养，以造型为基础探求美的构成规律和表现方式。服装设计中的美是一种实践构成的表现形式，是对系统进行分析和发现的产物，是对现有服装形态的认识积累及对新形态的发现与创造，这个创造过程庞大而任重道远，要通过艰苦的训练和大量的实践积累才能完成。从本质上看，任何形态创造都必须以形态、材料和工艺为物质基础，许多新的创意构思也离不开形态、材料和工艺的启发。这种从包豪斯时期就建立起来的实践性指导原则，至今仍是服装设计实施的重要依据。

　　平面构成与服装设计应用中，对原理、方法、规律的应用是服装创造的手段，寻找新的服装设计形态，挖掘对原有形态的感受，把熟悉的设计"语汇"以新的方式呈现和组合，不断地试验，广泛地借鉴和吸收，增加服装设计形态美，在服装功能与装饰方面产生一些偶发创造，是服装设计造型的义务，学好平面构成与服装设计应用方法是实现服装设计的重要保证。

2011年12月

目录

目录

1. 概述

服装是人类生活中不可分离的、既具艺术性又不能背离其自身实用功能的包装物。对它的研究与设计除保持符合人体运动机能需求为前提外，其款式造型的艺术性与审美特征创造也是当今很多服装设计师不断探究的内容话题。在古埃及与古希腊时期，人们利用一块布缠裹衣服，以自我为中心，竭尽全力地开掘人的力量，释放人的潜能。在中国几千年的历史进程中，服饰的发展顺其自然、趋向自然、展现自然，其造型美感设计在尽量与自然贴近、相融的过程中渐渐达到无我境地。在社会发展的今天，服装的设计模式化进程正沿着方向的多元化方向发展。设计在颠覆传统与时尚概念中，试图打破其所谓固有的"惯性"，不断"解构"，寻找创作新支点，创造出年轻化的、时尚化的、多样化的、全新时尚的服装外观。

《实现设计——平面构成与服装设计应用》一书是基于服装造型设计为基础，顺应现代服装发展，研究服装造型美的方法，是运用理性、逻辑与思维创造结合，将造型设计基础理论知识与现代艺术设计创作相结合的方式，突出"观念造型"的主题，倡导不完全依靠"定式"而依靠眼与心理经验观察的造型观，彻底摆脱统设计中传的"现实造型"模式，把形态空间构成（点、线、面）、色彩、材料等要素与款式（基本型）进行相互穿插，借助（基本型）造型区域形态媒介，承载并传递服装款式设计美的信息，并从观者对作品所感受的视觉、心理出发，追求服装设计隐藏的、自然本质的美的平衡。

本书内容分三个部分：一，简述部分，内容包括平面构成与服装设计对象、款式衣型、款式色彩、款式材质、设计形式、基本步骤、学习能力积累；二，构成原理部分，内容包括认识人体、人体部位特征归纳、人体部位与款式结构对照、人体与衣型、平转立的启示、款式包体空间布局、常规衣型种类、女式基本款、男式基本款、应用设计方法、款式造型区域、衣型区域解构与设计；三，设计案例解析部分，内容包括女式基本款设计解析、男式基本款设计解析等。旨在强调设计过程中的思维创造、造型构成的科学性本质，为当今服装设计专业学习和研究提供一个新的方法。

1.1 服装平面构成的目的

平面构成与服装设计应用方法是基于平面构成与服装设计理论为基础，以科学和艺术创造为前提，围绕人体研究服装款式形态设计的表面构成形式，并且要求透过表面来传达设计情感内容的服装款式创意途径。其目的是基于设计创作目的，解决设计语言和设计思维两个方面的问题，培养设计的创新能力，并通过训练对今后更深入的研究专业设计起到潜移默化的影响，强调通过学习和应用来启发设计者的创造力。丰富设计视觉经验，为服装设计进一步发展奠定基础。

在当代服装艺术设计领域里，服装形象变化万千，要使每一个设计都能用自己的思想、风格特点来震撼观者的心灵，其设计无一例外地涉及画面的创造构成技术表现问题，平面构成与服装设计应用方法就是服装设计创造过程中辅助潜在的创作手段。它让我们在表达视觉设计意义的同时，首先寻求画面创作中种种不同构成空间的原由，结合美的构成方法将创作效果达到最大化。如果将具有目的的创作设计称为实用设计，那么，平面构成与服装设计应用方法就可以看成是服装设计中的基础设计内容。

1.2 平面构成与服装设计对象

　　平面构成与服装设计应用是实现服装设计的方法之一，它包含了点、线、面、色、光、质、图、文等各种要素，以服装款式造型为对象，形式美法则为理论基础，把视觉元素与服装进行组合设计，打散重构、合理应用创造，整个设计是围绕款式结构形态（结构、图形、色彩）而进行的设计构成过程。

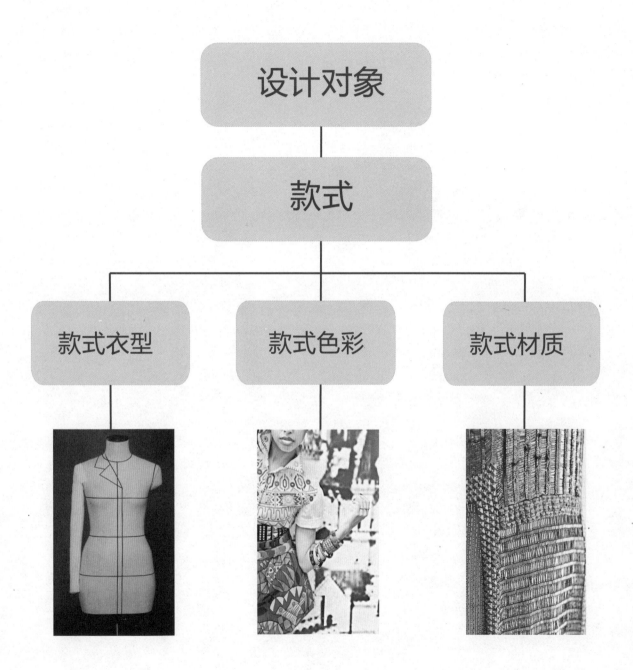

1.2.1 款式衣型

　　这里所指的"型"即款式结构，是指服装内、外造型呈现的构成的骨架形式，是基于满足人体外形结构特点和形态活动功能，以符合穿着对象时间、地点、条件诸多因素制约为前提进行的衣形态造型，其中包括款式外部轮廓、内部线条等技术内容，内部造型设计要契合其整体外观的风格特征。

　　服装设计作为一门视觉创作，"型"廓能给人第一直观印象，位于设计中首要的位置。不管服装的衣"型"轮廓如何变化，都离不开服装结构特有的省、褶、分割线、部位装饰结构等设计语言来巧妙地将内外造型进行统一协调表现，使服装更为丰富多姿。

　　服装的衣"型"是在人体自然形态的基础上，利用各种材料进行衣形态的再造表现，它是空间构架基于人体骨架结构，以人体的躯干、四肢功能为基础进行的服装造型空间设计。无论服装衣"型"如何变化，它都必须要穿着于人体的框架之上，要保持服装结构与人体形态的相互统一，并适应人体运动的空间需要。而人体是一个有生命的多维活动体，人体各部位表面是由不同曲面构成，一旦人体的姿态发生变化，人的各部位形态也会随之发生改变，这些都是在服装设计造型中必须考虑的重要因素，这些因素会给服装的造型带来更多的制约。

　　"型"在服装设计中占有非常重要的地位。它不但要具备对人体美的装饰功能，还要具备通过空间特征保护人身体的功能。

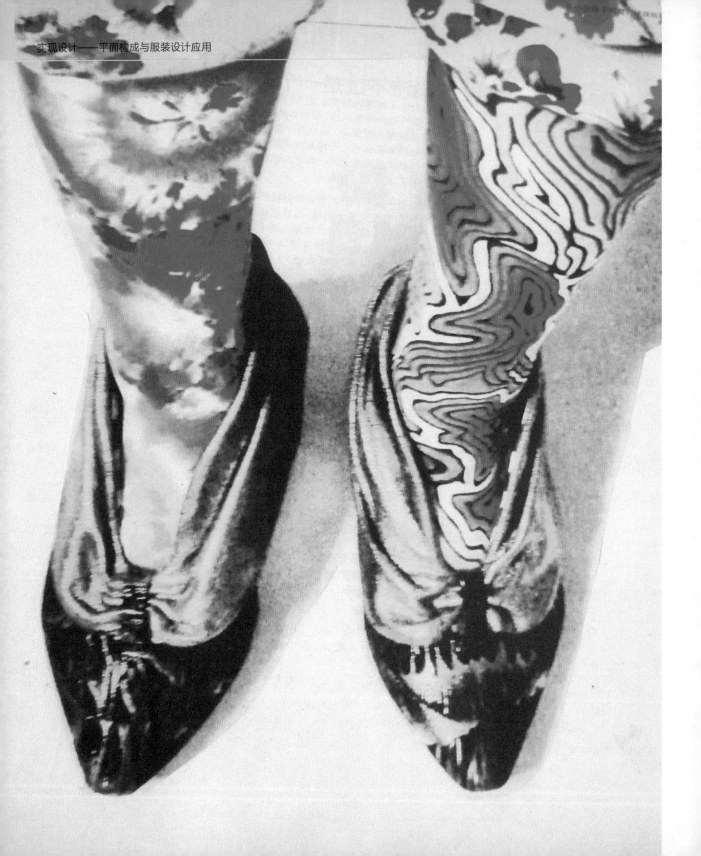

1.2.2 款式色彩

　　人们通常指的色彩是所有色彩现象的总称。服装色彩是指服装整体的色彩组合效果和设计，其设计是把色彩作为造型要素，以服装产品为设计对象，以自然色彩和人文色彩现象为设计灵感依据，把听觉、味觉、嗅觉、文字感觉中找到的设计灵感源，抽象提炼成造型元素，对不同类型的款式、面料以及不同季节的服装进行色彩造型创造，重新构成色彩形式并将其应用于相应的服装设计中的过程。

　　影响服装色彩设计的因素很多，包括光源色、心理因素、色调美感规律以及国际流行趋势等因素。无论色彩怎样变化，服装的整体色彩美感必须与人的肤色、身材、发型、职业、家庭状况、工作、意识形态、社会关系、人际交往、性格、受教育程度、审美情趣、宗教信仰等条件联系起来。

　　服装色彩是服装造型设计中需要重点考虑的问题。利用色彩的冲击力来增强造型的视觉感染力，能使服装的整体效果达到一个较高的境界，同时也是吸引观赏者注意力的有效手段。色彩、造型与创作主题之间形成协调和统一，能创作出朴实或华丽、体现穿着者不同个性的服装作品。绚丽的色彩能强烈地刺激人们的视觉，使人形成丰富多彩的联想，产生各种对色彩的情感想象。恰到好处地将色彩运用于服装造型之中，可起到渲染和点缀作用。服装色彩对服装的观赏者及消费者会产生决定性作用，并给其留下深刻的印象。在进行色彩搭配时，应注意色彩是否与设计主题和设计对象的具体情况相适合，色彩的个性是否与服装的造型协调、统一，同时还应注意色彩之间的呼应关系、对比关系，从而增强服装整体的色彩效果。在服装造型设计中，若将色彩很好地融合到具有个性的造型之中，那么色彩的情趣将对服装的整体视觉效果起到关键的作用，使服装的形式美、视觉美得到升华。

1.2.3 款式材质

　　"质"在服装设计中通常是服装材料与其表面质地的简称，是服装设计的三个基本要素之一。材质是组成服装的最基本的物质基础，也是服装造型设计依存的媒介。对于服装材质的选择与设计，在人类漫长的进化过程中，已经形成了约定俗成的程式，尤其是在以表现实用性和可穿性为主旨的成衣设计中。服装材质必须依附和呵护人体方能实现服装的意义。

　　服装设计中的材质会给予人不同的印象和美感，例如各种机织品、针织品、皮革、金属、羽毛、宝石珠片等。当今的服装设计大多先从材质的处理搭配入手，或根据面料的质地、手感、图案等特点来构思，无论是简约派还是装饰派，设计师们都明白，选择适当的材料并通过挖掘材质美来传达服装个性精神是至关重要的。各种面料有各自的"性格表情"和效果，具有不同的质地和光泽，它们的软、硬、挺、垂、厚、薄等决定着服装的基本特色，其机能性、审美性和制造特征更决定了剪裁工艺、设计表达形式，可以说先有了适当的面料，才有了成功的服装。因此，在服装设计中，应将材质的潜在性能和风格发挥到最佳状态，把材质风格与表现形式融为一体，准确充分地与整体风格相结合。得体的面料设计方案是服装设计的关键。

1.3 设计形式

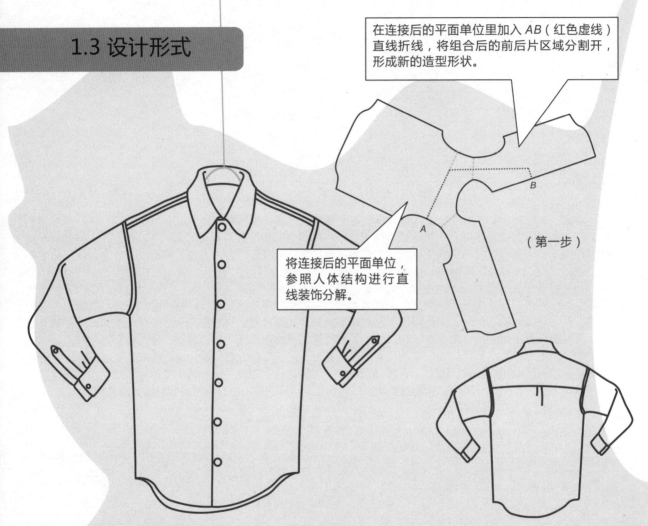

在连接后的平面单位里加入 *AB*（红色虚线）直线折线，将组合后的前后片区域分割开，形成新的造型形状。

将连接后的平面单位，参照人体结构进行直线装饰分解。

（第一步）

平面构成理论源于自然科学和哲学认识论的发展，在立体主义绘画、俄国的构成主义、荷兰的新造型主义艺术中可见到其影子。这些艺术家主张放弃传统的写实手法，以抽象的形式表现艺术，直到德国包豪斯设计学院将其观念不断完善发展，形成一个完整的现代设计基础训练的教学体系，奠定了构成设计观念在现代设计训练及应用中的地位。自20世纪70年代以来，平面构成作为设计基础，已广泛应用于工业设计、建筑设计、平面设计、服装设计、舞台美术等视觉传递领域。

在服装设计中，平面构成与服装设计应用是实现服装设计的方法之一，它把视觉元素与服装进行组合设

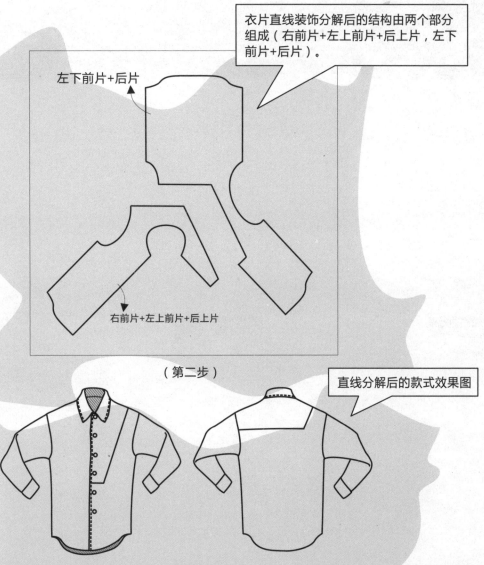

衣片直线装饰分解后的结构由两个部分组成（右前片+左上前片+后上片，左下前片+后片）。

左下前片+后片

右前片+左上前片+后上片

（第二步）

直线分解后的款式效果图

计，打散重构、合理应用创造，围绕款式结构形态（结构、图形、色彩）进行设计构成。一件优美的服装源于设计师对各个造型要素独具匠心的应用，然而，其服装整体美必须要符合大众美学的基本规则。平面构成与服装设计应用方法就是促使其达到与大众审美等同的基础保证。服装设计构成是以人体为基础，以服装款式造型区域为对象，从汇集单个的视觉元素开始，将服装款式造型区域进行写实、夸张，使服装款式形态区域呈现整体美感。也就是说，运用美的形式法则将点、线、面、光、色、图、文、质等各种要素与服装设计有机组合，从而形成完美的服装造型。

1.4 基本步骤

确定设计对象

了解穿着目的

寻找基本款型

部位分割设计

形态设计构成

二维效果表现

1.5 学习能力积累

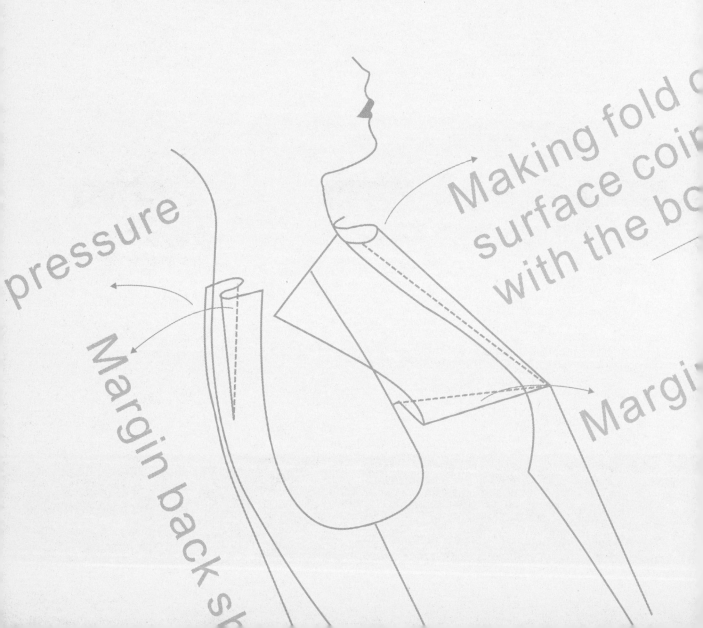

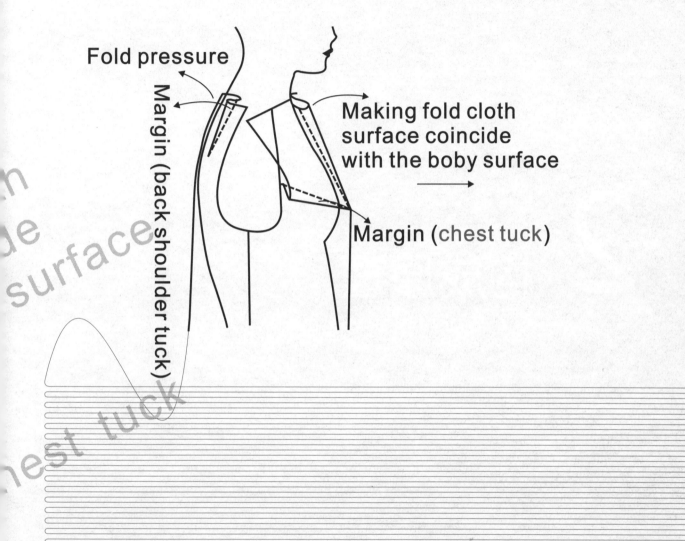

Fold pressure

Margin (back shoulder tuck)

Making fold cloth
surface coincide
with the boby surface

Margin (chest tuck)

　　平面构成与服装设计应用是一个综合性表现的视觉设计造型门类，需要设计师具备有一定的观察能力、理解分析能力、判断能力、表现能力，前三个方面可以归纳为感知能力。设计是心、手、脑的结合，感知能力体现在对视觉形象和表现形式有敏锐的感觉和构思判断能力。通过学习，学生可以站在构成的角度分析和把握服装设计作品，用构成的原理观察、归纳、总结设计作品，从而提高对视觉元素的理解能力和表现能力。

2.构成原理

平面构成与服装设计应用是以服装款式设计为前提，以人体为中心，以造型要素为媒介，以环境为背景，通过技术和艺术手法将创意构思转化为服装成品的造物活动。是研究服装款式类型、特征、发展规律的科学。平面构成与服装设计应用是以服装衣型、色彩、材质为造型对象在人体上所做的包装创作设计，它既要符合服饰设计的一般原则，又要能达到视觉审美效果。

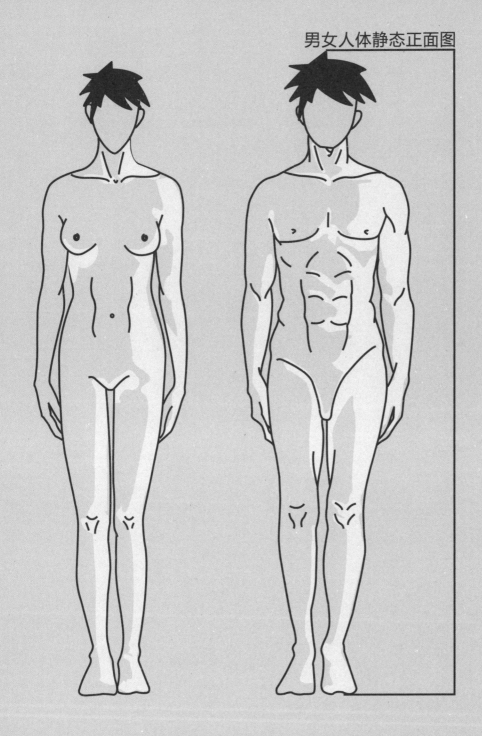

男女人体静态正面图

2.1 认识人体

2.1.1 人体各部位特征归纳

服装设计中，把人和款式设计视为统一的体系加以考虑，才能使服装款式发挥最佳的效果。服装因人体而产生并服务于人体，有着多种多样的表现形式，但只有当服装本身符合人体体型特征、突出人体形态美时，其价值才能完美地展现出来。因此，服装与人体形态之间具有唇齿相依的关系，这种关系主要表现在服装与人体表面形态、服装与人体活动的规律、服装与人体比例及体型差异等方面，即人体的外在特征、骨骼构造、肌肉状态、皮肤伸展、皮下脂肪的薄厚等要素对服装有很大的影响。人体是服装款式结构设计的基础，无论男装或女装造型有多少相似或相异之处，它们的款式结构设计都是在尊重其人体个性特征原则下完成的。

男女人体差异主要表现在人体躯干部位，尤其是胸部形态差别：男性胸廓体积大，胸部较厚；女性胸廓体积小，但乳房隆起使胸部较丰满。人体从横向看，男体骨骼外形粗壮，肩部宽且肩头略微前倾，俯看整个肩部呈弓形，脊柱弯曲程度小，窄臀，呈明显的倒三角形。女体则正好相反，肩部窄并略微下倾，肩前倾度、弓形状及肩部前中央的双曲面都要较男体明显，臀部饱满靠下，形成腰臀大落差的独特体型曲线，整体形态呈正梯形。两肩连线与两侧大转子连线相比较，男体长于女体。从纵向来看，男性肌肉发达，局部表面有块状肌肤凸起，脂肪沉积度低，腰部以上显得结实、厚重；女性肌肉发达程度一般较低，但有较厚的脂肪层分布在肌肉上，如胸部、腹部脂肪带；宽而厚的骨盆、较长的腰、脊柱，使腰部以下呈现发达状态，也使女性躯干部略长，腿部较短。

由以上分析可以看出，在服装款式设计中，对于男女体型，若面料本身性能无法适应其体型变化，那么没有完善的服装结构设计则无法实现其美化人体的目的。因此，在服装设计中，人体对服装的制约是款式构成的前提。不同性别、不同年龄的人，其骨骼构造、肌肉状态、脂肪分布的差异都会影响到款式构成。款式设计从识别人体开始，分析和把握人体体型特征有助于把握服装的款式设计。

人体不同部位横截面俯视图

乳头位/胸围

最细腹围位/腰围

臀凸位/臀围

人体俯视/重合图

人体各部位动态特征表

性别 部位	女	男
颈部	呈不规则椭圆形状（喉结表面不明显），有向前后左右360°的变化	呈不规则椭圆形状，喉结明显，使颈部椭圆部位突出，向前后左右360°的变化
肩部	较窄，有向前后上下的变化	较宽，有向前后上下的变化
胸部	乳房的隆起使胸部起伏变化很大，由身体呼吸驱动变化	胸廓宽，胸部起伏较小，由身体呼吸驱动变化
背部	背部较窄，体态较圆厚，但一般易显肩胛骨	背部较宽阔，背肌丰厚
腹部	女性腹部较圆厚宽大，中年以后会出现小肚子，侧腰较狭窄，吸腰明显	虽腹肌起伏变化易显露，但仍较为扁平，侧腰较女性宽直。随着人们生活水平的提高，中年男性腹部越来越隆起，甚至腰围大于胸围
腰部	胸部、臀部丰满而使腰显得很细，臀部驱动腰、胸变化频繁	胸廓宽，胸部、臀部起伏较小，使腰部显得较粗，臀部驱动腰、胸变化频繁
臀部	较丰满，臀部驱动腰、胸变化频繁	较扁平，臀部驱动腰、胸变化频繁
四肢	形状纤细，背、肘、腕、胯、膝、踝关节驱动频繁	形状粗壮，背、肘、腕、胯、膝、踝关节驱动频繁
躯干廓型	呈正梯型，有弯曲动势	呈倒梯型，有弯曲动势
三围差	胸部、臀部丰满而使腰显得很细，围差数较大，臀部驱动腰、胸变化	围差数较小，臀部驱动腰、胸变化

2.1.2 人体各部位与款式结构对照

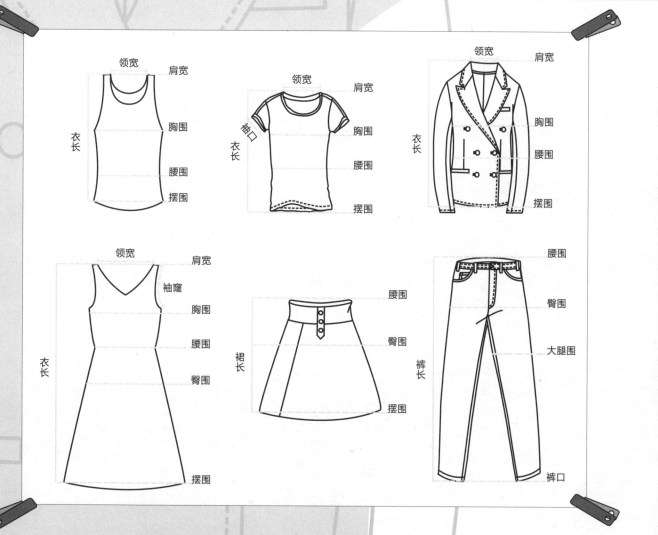

2.2 人体与衣型

若将圆球按图示用一块方形的布包裹，并集中于一处收拢，则有大小各异的垂褶、抽褶产生。

方形布+圆球=包裹物

衣型的产生是由面料裹体所致。为了构成立体的服装，款式造型通常是基于平面的面料包裹物体原理所产生。同样的原理，取一块长方形的布料，将其分为前、后、左、右四个区域，在布块中间挖一个圆形孔，从前片虚线处剪开至圆形中间。

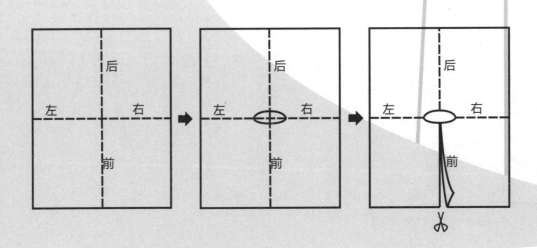

将裁剪后的长方形布料披在人体上形成立体的款式，布料靠肩部支撑，成为无侧缝、无袖的斗篷，自由穿着并充分体现面料的特性。款式特点：只有前片和后片，侧面不显示厚度，因衣身宽度大而能将手臂覆盖，并且手臂能从中伸出。用此方法，可以为了满足必要的臀围而开衩，并作为裙子穿着。平面的衣片在穿着时变形，并产生立体的波浪。

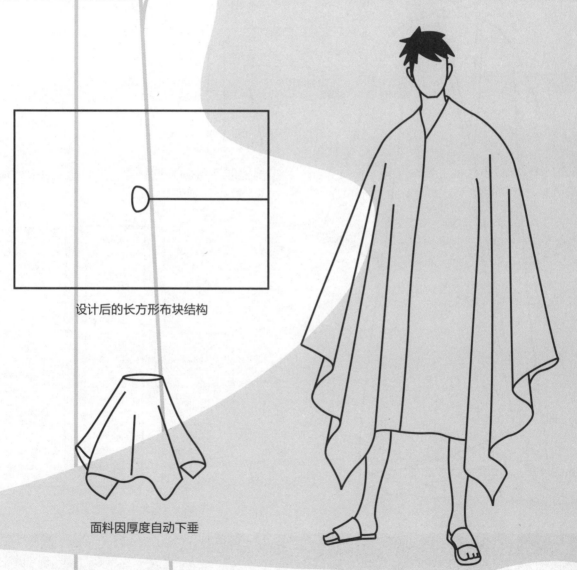

设计后的长方形布块结构

面料因厚度自动下垂

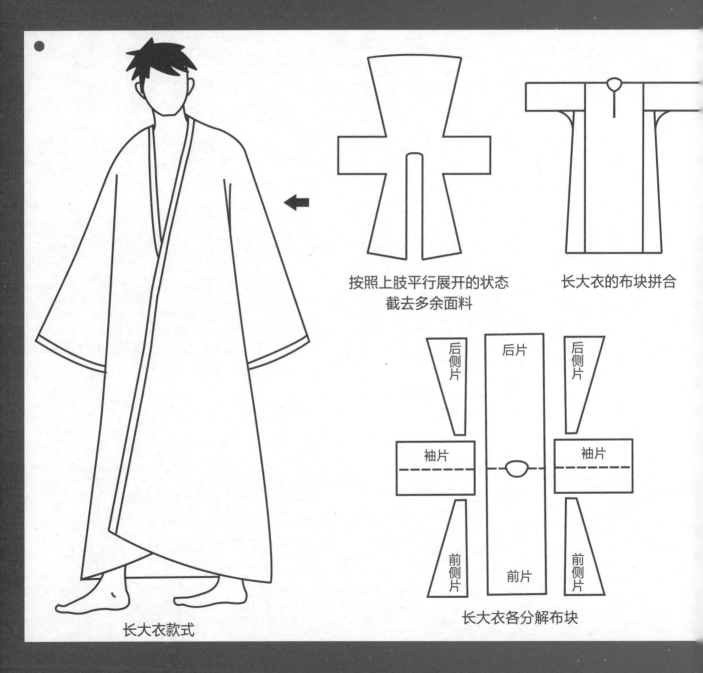

按照上肢平行展开的状态
截去多余面料

长大衣的布块拼合

长大衣款式

长大衣各分解布块

　　如上页图所示，整块的长大衣布料经过空间设计调整后，形成了多个复杂的款式形态个体（衣身和衣袖为长方形形态，衣身侧部为梯形形态），长大衣款式由一片式整体裁片变成了七片式裁片单位。由此可见，款式结构具有一定的可调节特性，其造型设计可基于人体穿着需求进行空间调整。衣型是由布料包体所形成的，面料包体不仅能满足人们的功能需求，还能使人的外部廓型发生变化，不同的包体方法会带来不同的视觉效果。生活中，人们为了达到自身的形体美感，需要衣型结构形态千姿百态、丰富多彩，因此，掌握服装造型原理是非常必要的。

衣型是指设计师按照预先设想的服装款式，通过绘画技法完成表现方案，通过结构设计和缝制工艺制作完成服装款式物态。同样地，它也是服装存在的个体形象单位（即：上衣、裤、裙款式、样式）。日常生活中，"衣"是指"衣裳"，是人穿在身上用以蔽体的东西；"型"是指因人（穿着者）而产生并服务于人（穿着者）的衣的各式各样的形制。它是由外部形态结构（由边界线产生的空间形态结构）、内部形态结构（各部位的组合形态结构）和物质形态结构（材料结构形态）三个方面内容结合支撑而形成的服装物态。在服装设计领域里，常规衣型种类是指：符合人身体穿着所需的款式（基本款）类别，例如：按穿衣习惯从里向外的上装分类（背心、T恤、衬衣、毛衣、风衣、棉衣、大衣等）、按穿衣习惯从里向外的下装分类（内裤、短裤、裙、长裤等）。它既满足人的生理功能，包括人对自然生活环境的感知适应，同时它又是符合人

2.3 常规衣型种类

物身份、性格及时代背景的 "以衣塑型,以衣诉情" 、满足人物形象穿着需求为目的信息载体,是将人要穿衣和为什么穿衣等信息进行分析和揣摩,努力使穿衣目的最大化,创造一个完美的、积极的、主动出击的形式,引导受众的视觉反应,让受众者得到视觉和心理上的冲击,最终实现信息传达目的的概念公式。只有当服装本身的基本型符合人(穿着者)和其性格与功用心理,能够很好地突出其形象美时,衣型设计的价值才能充分得以体现。由此可见,常规衣型种类与人(穿着者)之间具有唇齿相依、鱼水不分的关系,而这种关系主要表现在服装与人(穿着者)、社会、生活活动需求等多个方面。因此,要想做好衣型的设计,首先必须从掌握常规衣型种类(基本款)入手。服装常规衣型是基于人(穿着者)和人的穿着目的而设计的,它的设定是与人的自身信息和社会生活需求密切关联的。

2.3.1 女式基本款

(从内到外)

女士文胸

款式介绍

文胸是支托、固定、覆盖和保护女性乳房的功能性衣物。
文胸不仅要有包裹作用，还要有抬高和调整胸型的作用。

1—鸡心　　2—后壁
3—罩杯　　4—肩带

a—下胸围　　b—下壁围
c—侧高　　　d—杯高
e—杯宽　　　f—杯骨长

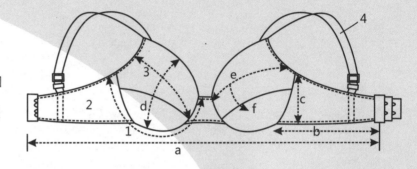

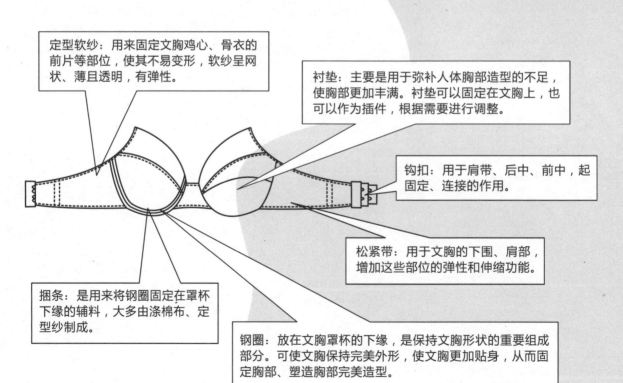

定型软纱：用来固定文胸鸡心、骨衣的前片等部位，使其不易变形，软纱呈网状、薄且透明，有弹性。

衬垫：主要是用于弥补人体胸部造型的不足，使胸部更加丰满。衬垫可以固定在文胸上，也可以作为插件，根据需要进行调整。

钩扣：用于肩带、后中、前中，起固定、连接的作用。

松紧带：用于文胸的下围、肩部，增加这些部位的弹性和伸缩功能。

捆条：是用来将钢圈固定在罩杯下缘的辅料，大多由涤棉布、定型纱制成。

钢圈：放在文胸罩杯的下缘，是保持文胸形状的重要组成部分。可使文胸保持完美外形，使文胸更加贴身，从而固定胸部、塑造胸部完美造型。

文胸的三种基本款

全罩杯

整体呈球状，可将乳房全部包容于罩杯，适合胸部丰满及肌肉柔软、胸部下垂外扩的女性。具有很强的支撑和提升效果。适合纺锤型、半球型、圆锥型乳房。

3/4罩杯

不完全包裹胸部，1/4外露。任何胸型都适合3/4罩杯，特点是开骨线呈V型，衬垫倒立或斜放，受力点在肩带。

1/2罩杯

整个文胸呈半球状，特点是杯的上缘与下缘为平行线，在穿戴时稳定性较差，提升效果不强，适合胸小的人。穿露背装、吊带装等搭配，效果最佳。比较适合圆盘型乳房。

女式内裤

款式介绍

内裤是指贴身的下身内衣，又称底裤。它的造型是依据人体下肢功能需求而产生的。内裤的形式和种类丰富，通常以腰部、侧长、裆底宽的变化决定款式。

根据设计尺寸，可将女式内裤归纳为三种：

（1）长度为56cm以上，适合基础穿着，舒适，具有保暖功能。

（2）长度为46~55cm，适合基础穿着，是最常见的规格与样式。

（3）长度为36~45cm，适合基础穿着。

丁字裤

丁字裤的设计造型基本与人体功能相符合。它的侧缝、裆底设计以基本满足人体需求为主，裤口前后曲线设计为：前片曲线弯度大于后片曲线弯度，以满足下肢运动需求。

裆底设计满足女性生理构造。

裤口前后曲线设计为：前片曲线弯度大于后片曲线弯度。

弹力松紧裤口，方便穿脱。

三角裤

三角裤是在丁字裤的基础上扩大结构面积而形成的内裤。它的设计相对丁字裤略为保守，以满足人体基本功能需求为主，附带考虑穿着心理等。

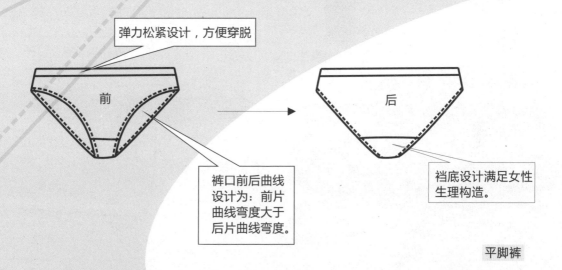

弹力松紧设计，方便穿脱

前

后

裤口前后曲线设计为：前片曲线弯度大于后片曲线弯度。

裆底设计满足女性生理构造。

平脚裤

平脚内裤为女士内裤基本款式之一，其结构面积大于丁字裤、三角裤，裤长至大腿根，具有满足身体功能和穿着心理需求的作用。

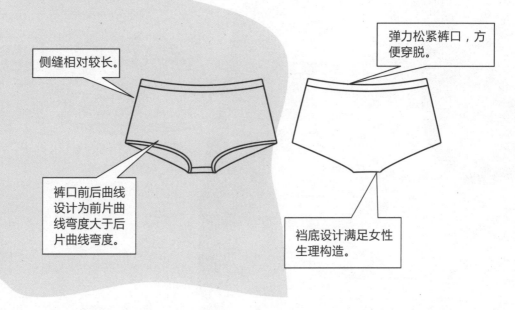

侧缝相对较长。

弹力松紧裤口，方便穿脱。

裤口前后曲线设计为前片曲线弯度大于后片曲线弯度。

裆底设计满足女性生理构造。

牛仔短裤

款式介绍

短裤是夏天必备的女式服装款式之一，它穿着方便，能突出女性美的特点，短裤的结构与长裤基本相同，是青年女性的必备款。

裤型装饰低腰，可露出女性优美的腰部。

腰头"男性化"设计，突出个性

裤口卷边设计强调大腿的美感。

短裤长度设计特点为：刚好包住臀下，既方便又凉爽，而且能突显女性腿部美感。

短裤后接缝的设计可增加女性臀部的合体程度。

女式T恤

款式介绍

T恤是夏季穿着最多的服装，它采用具有透气、吸汗、散热等特点的纯棉、棉麻面料制作而成。款式设计简单，常以色彩、图案装饰领口、下摆、袖口等部位。T恤造型通常表现为装袖式和背心式。

领口设计较低，可露出女性迷人的锁骨。

略有收腰趋势，稍贴身，这样能突显女性的细腰特征。

因为颈部活动量大，所以领口缉明线。

袖口设计突出女性上肢的结构美。

T恤所有开口处都有卷边工艺设计，旨在加固衣身的牢度，防止穿脱导致的款式变形。

连衣裙

款式介绍

连衣裙是女性夏季最理想的服装之一，能体现婀娜多姿的女性体态，可将女性气质发挥得淋漓尽致。

分类：
按造型分：X型（收腰）、H型（直身）、A字型（喇叭）
按放松量分：紧身型、合身型、松身型
按腰位分：基本腰位型、低腰型、高腰型

女性胸部结构造型非常重要，既要满足身体的舒适性，又要照顾服装的视觉美感。

领口较低，露出女性优美的锁骨。

收腰是增加女性腰部美感的设计。

臀部也是表现女性特征的一个部位。

裙长的设计是表现人的整体美的关键，设计通常在膝关节上下5~10cm之间。

连衣裙设计随面料的不同，款式多种多样，其工艺要求也随面料的特性而定，如：天然棉麻制品制作的连衣裙领口、袖口、底边设计为卷边，旨在增强款式的功效性。

套头衫

套头衫是春、秋、夏三个季节所用的基本款服装，它具有外穿和内衬的功能。套头衫的设计与T恤结构基本相同，袖子有装袖和插肩袖之分。面料基本以天然纤维棉、麻织物为主。

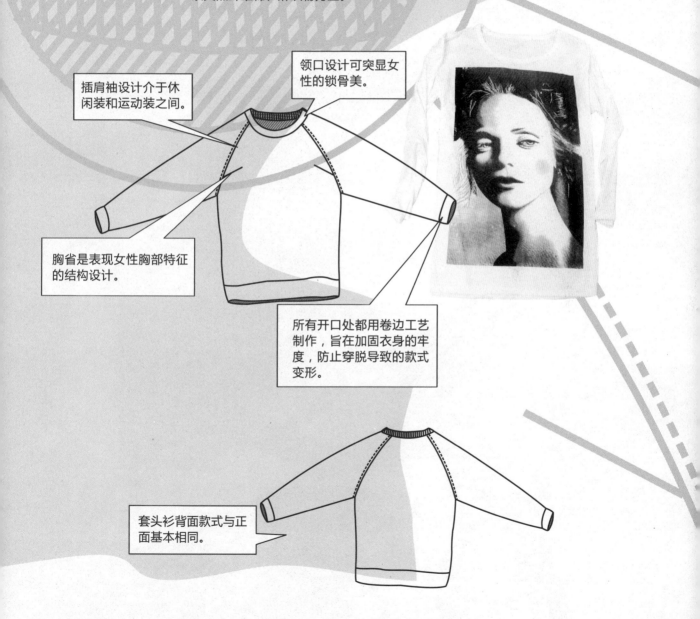

领口设计可突显女性的锁骨美。

插肩袖设计介于休闲装和运动装之间。

胸省是表现女性胸部特征的结构设计。

所有开口处都用卷边工艺制作，旨在加固衣身的牢度，防止穿脱导致的款式变形。

套头衫背面款式与正面基本相同。

女式衬衣

　　女式衬衫为中性设计，放松量较大，特征与男式大致相同，既可以是内束式，也可以是外穿式，领子为男式衬衫领，但是尺寸相对要小一些。面料可选用水洗或砂洗的牛仔布、灯芯绒、斜纹布、绒布等制做款式。

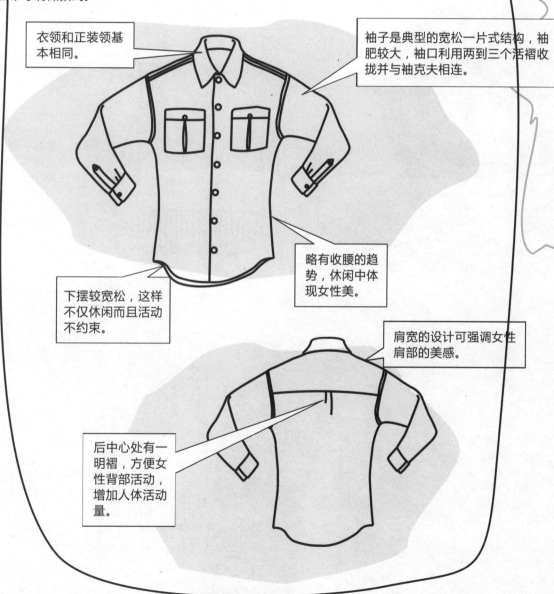

衣领和正装领基本相同。

袖子是典型的宽松一片式结构，袖肥较大，袖口利用两到三个活褶收拢并与袖克夫相连。

略有收腰的趋势，休闲中体现女性美。

下摆较宽松，这样不仅休闲而且活动不约束。

肩宽的设计可强调女性肩部的美感。

后中心处有一明褶，方便女性背部活动，增加人体活动量。

针织运动衣

款式介绍

　　针织运动衣又称卫衣，衣身较宽松，袖口使用有弹性的罗纹织物，兼时尚与功能于一身，是青少年首选的基础服装。

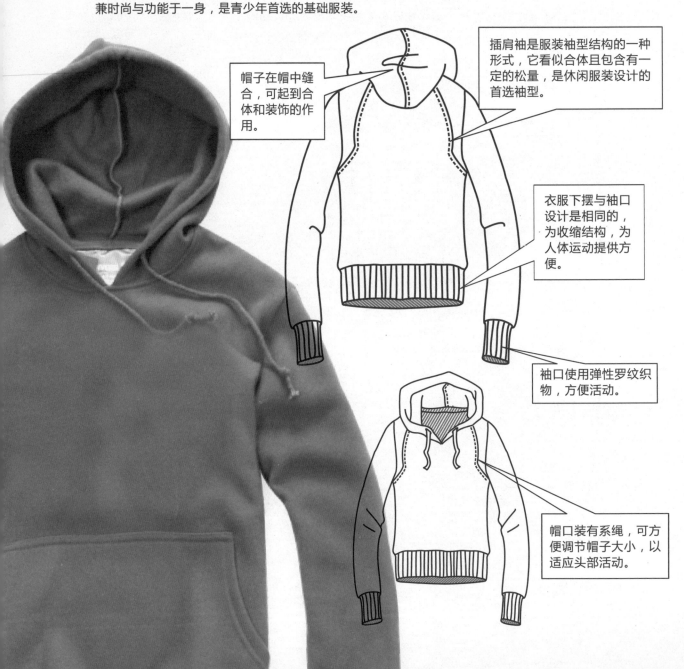

帽子在帽中缝合，可起到合体和装饰的作用。

插肩袖是服装袖型结构的一种形式，它看似合体且包含有一定的松量，是休闲服装设计的首选袖型。

衣服下摆与袖口设计是相同的，为收缩结构，为人体运动提供方便。

袖口使用弹性罗纹织物，方便活动。

帽口装有系绳，可方便调节帽子大小，以适应头部活动。

牛仔裤

款式介绍

　　牛仔裤是现代人非常喜欢穿着的裤型种类，有直筒裤、萝卜裤、窄腿裤等样式，其特点为紧包臀部、裤缝缉双道明线、洗水处理等，牛仔裤的造型一般不分男女，是一年四季的百搭裤装。

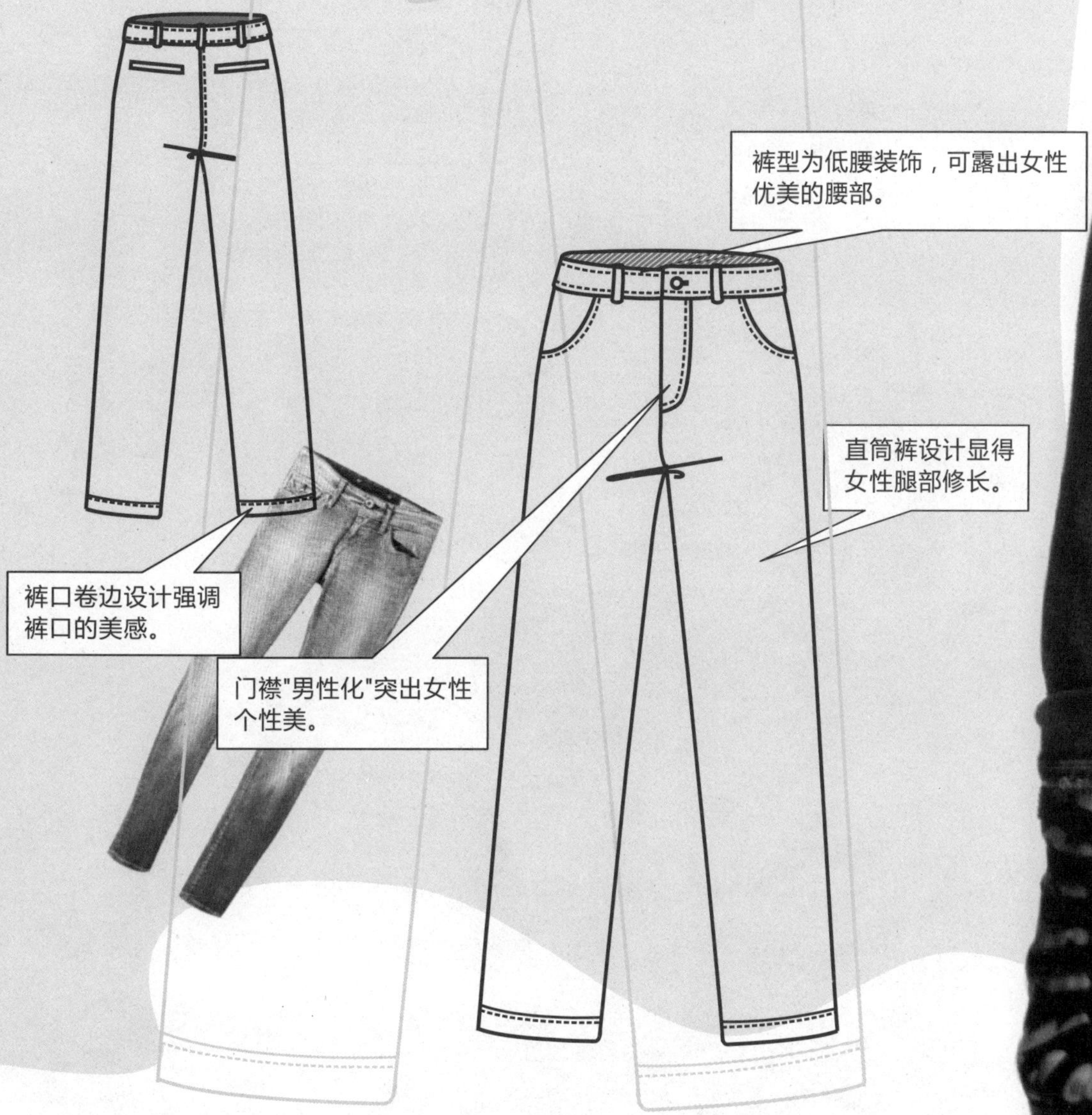

裤型为低腰装饰，可露出女性优美的腰部。

直筒裤设计显得女性腿部修长。

裤口卷边设计强调裤口的美感。

门襟"男性化"突出女性个性美。

女短款外套

款式介绍

　　短款外套是女性春、秋季节穿着的服装，它具有外穿的功能，其样式多种多样，既休闲又不乏时尚，是女性必备的款式品种。

领口设计较宽松，可搭配衬衫和毛衣穿着，颈部装饰围巾。

衣身和袖子采用宽松的设计，旨在方便活动，增强装饰效果。

公主线设计可强调女性身体的曲线，突出女性胸部和臀部。

两片袖袖型设计并添加缝合线装饰，强调袖型的结构美感。

领口设计较宽松，可
搭配衬衫和毛衣穿着，
颈部装饰围巾。

前开襟采用拉链设计取
代纽扣，方便穿脱。

后领高3~5cm，以抵
挡冬天的寒冷。

两片袖袖型设计并添加缝合
线装饰，强调袖型的结构美
感。

背部缉装饰线，
强调服装后背的
结构美感。

下摆宽松、微张，可容纳内
穿衣服的厚度。

女式大衣

款式介绍

　　大衣是女性冬天穿着最多的服装。大衣的作用具有防御寒冷和装饰身体，由于社会的发展和人们生活水平的提高，外套已成为春、秋、冬三季中装饰女性身体的基础款之一。女式大衣以装袖、衣长到膝的设计为基础款。在大衣中，长度至膝盖以下，衣长约为人体总高度×5/8+7cm的为长大衣；长度至膝盖或膝盖略上，衣长约为人体总高度×1/2+10cm的为中大衣；长度至臀围或臀围略下，衣长约为人体总高度×1/2的为短大衣。随着流行的变化，大衣的样式多种多样，有的用多块衣片组合成衣身，有的下摆呈波浪形，有的变换领型来强调款式特点，还有的配以腰带等附件装饰。总之，大衣的款式设计丰富多彩。

领口较紧，有保暖、挡风的作用。

外套以纽扣开合

插肩袖是服装袖型结构的一种形式，它的结构合体且包含有一定的松量。

公主线设计可强调女性的身体曲线，突出女性胸部和臀部。

衣身和袖子采用宽松的设计，旨在方便活动，增强装饰效果。

腰带主要是起收腰作用的，使大衣与女性身体服贴。

带襻使腰带固定在腰部，不易滑落。

下摆宽松、微张，可容纳内穿衣服的厚度。长度略在臀围下1~3cm之间，可突显女性腿部美感。

女式羽绒服

羽绒服是最佳的冬天御寒服装，它具有防风透气、轻柔蓬松的特性，款式有长短之分，衣身、袖型以宽松为主，能达到穿着舒适的目的。

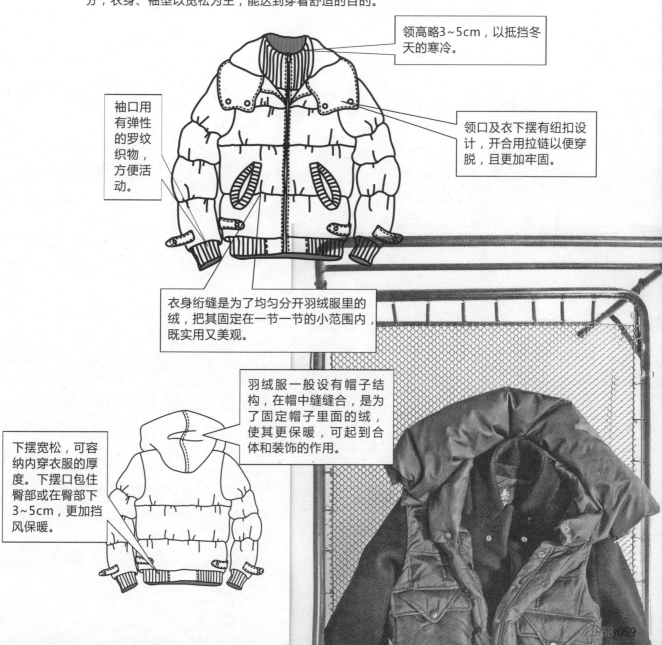

领高略3~5cm，以抵挡冬天的寒冷。

袖口用有弹性的罗纹织物，方便活动。

领口及衣下摆有纽扣设计，开合用拉链以便穿脱，且更加牢固。

衣身绗缝是为了均匀分开羽绒服里的绒，把其固定在一节一节的小范围内，既实用又美观。

羽绒服一般设有帽子结构，在帽中缝缝合，是为了固定帽子里面的绒，使其更保暖，可起到合体和装饰的作用。

下摆宽松，可容纳内穿衣服的厚度。下摆口包住臀部或在臀部下3~5cm，更加挡风保暖。

2.3.2 男式基本款

(从内到外)

男式内裤

三角裤

　　三角裤为男士内裤基本款式之一，它直接与男性身体接触，裤长至大腿根，具有满足身体功能需求和装饰身体的作用。

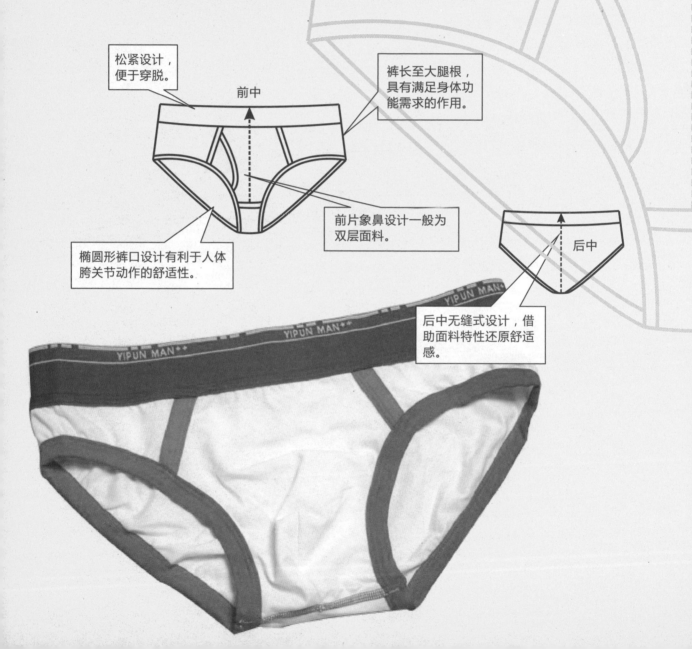

松紧设计，便于穿脱。

前中

裤长至大腿根，具有满足身体功能需求的作用。

前片象鼻设计一般为双层面料。

椭圆形裤口设计有利于人体胯关节动作的舒适性。

后中

后中无缝式设计，借助面料特性还原舒适感。

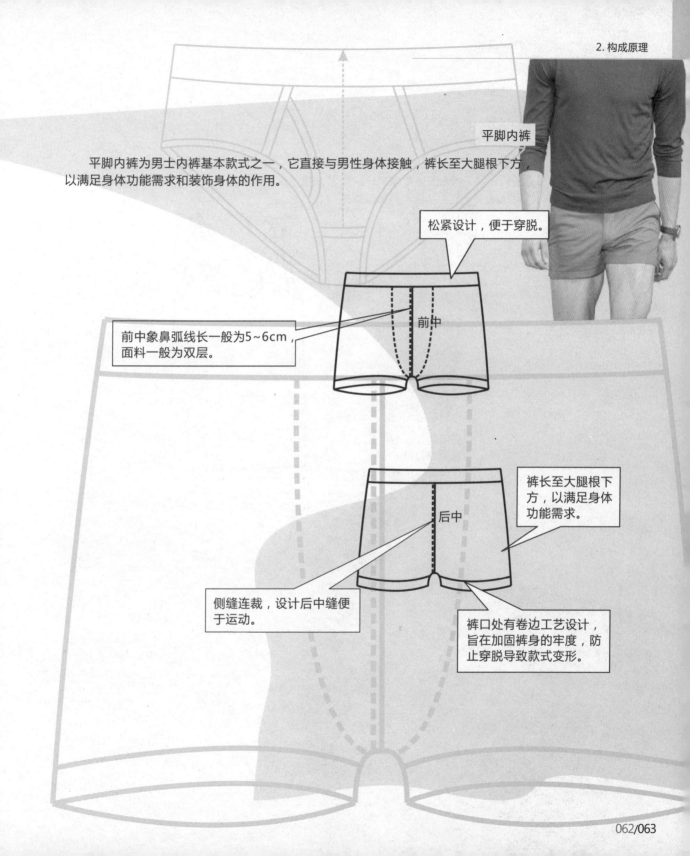

平脚内裤

平脚内裤为男士内裤基本款式之一，它直接与男性身体接触，裤长至大腿根下方，以满足身体功能需求和装饰身体的作用。

松紧设计，便于穿脱。

前中象鼻弧线长一般为5~6cm，面料一般为双层。

前中

裤长至大腿根下方，以满足身体功能需求。

后中

侧缝连裁，设计后中缝便于运动。

裤口处有卷边工艺设计，旨在加固裤身的牢度，防止穿脱导致款式变形。

男式背心

款式介绍

　　背心是男士夏天穿着的基本款之一，无领无袖，套头设计。适合内衬与外穿（郊游、冲浪、沙滩运动），是男性夏天必备的款式。

领口设计为低胸、露背，强调凉爽的感觉。

挎篮式背心肩带设计，使款式洒脱、清爽。

衣身随面料的拉伸性设计，紧贴男性身体。

所有开口处都有卷边工艺设计，旨在加固衣身的牢度，防止穿脱导致的款式变形。

除领型外，后片结构与前片衣身设计相同。

男式短裤

款式介绍

短裤是男士裤子的基础款型之一，它基本与男性下肢大腿部位接触，裤长至大腿根下方，以满足身体功能需求和装饰身体。它随意、自然、大方，是男性在夏天日常闲暇运动时所穿着的裤装。

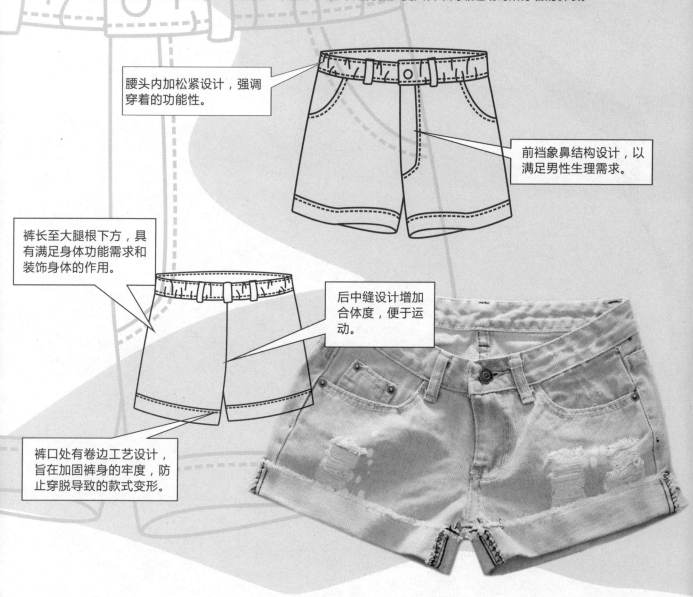

腰头内加松紧设计，强调穿着的功能性。

前裆象鼻结构设计，以满足男性生理需求。

裤长至大腿根下方，具有满足身体功能需求和装饰身体的作用。

后中缝设计增加合体度，便于运动。

裤口处有卷边工艺设计，旨在加固裤身的牢度，防止穿脱导致的款式变形。

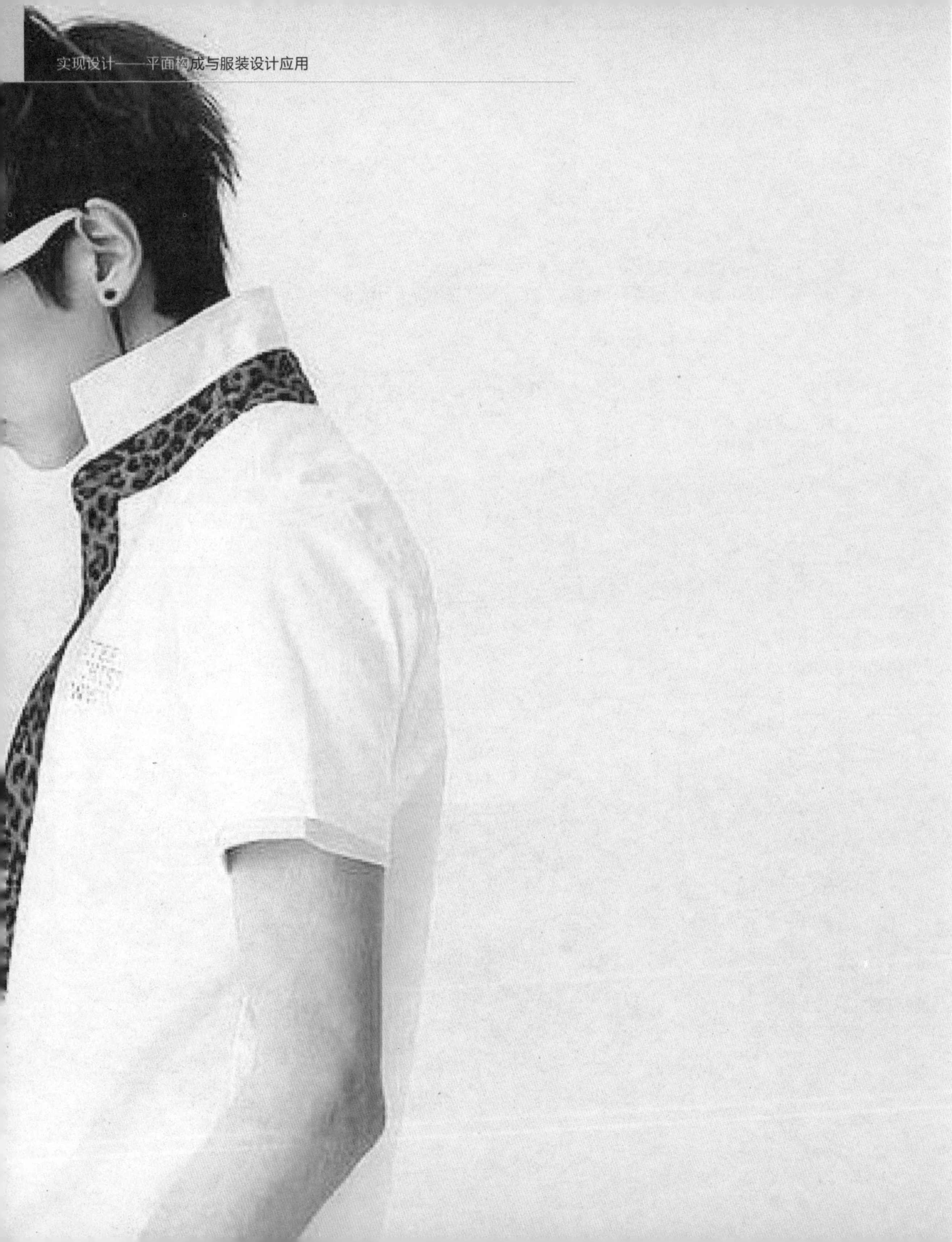

男式短袖衬衫

　　短袖衬衫是夏季男士的服装基础款，其款式分正式类和休闲类两种：正式类短袖衬衫通常与西服、马甲等一起搭配，出现在比较正规的场合，适合白领、职业人士穿着。休闲类短袖衬衫比正式类短袖衬衫略加放松量，既可以束在裤内，也可以外穿，面料可选用水洗的牛仔布、灯芯绒、斜纹布等。依据流行或个人喜好，休闲短袖衬衫的样式可随流行而变化，在保留短袖衬衫的基本特征的基础上，可融入其他服装结构特点和一些民族服饰元素对其进行设计。

衣领和正装衬衫领基本相同。

袖子是宽松一片式结构，袖肥较大，袖山较低，活动量充分。

背部有暗褶明缉线，增加后背的装饰美感。

衣身为直筒形，略做收腰设计，强调中性美。

衣身下摆呈现圆弧形曲线，既休闲又不约束身体。

男式长袖衬衫

款式介绍

　　男式长袖衬衫是穿在内外上衣之间、也可单独穿用的上衣，按照穿着用途可大致分为正装衬衫及便装衬衫。正装衬衫用于礼服或西服正装的搭配，由于西装和衬衫起源于欧洲，所以正装衬衫的款式基本都以法式衬衫为基础，颜色则以白色或浅色居多，质地可选用精梳全棉、真丝、双绉、涤棉等，挑选时以轻、薄、软、爽、挺、透气性好较理想。便装衬衫用于非正式场合的西服搭配穿着，面料使用没有定规，款式在传统基础上不变或略有设计变化，在色彩、花纹方面极为自由。

袖子是宽松一片式结构
袖肥较大，袖口利用2~3
个活褶收拢并与袖克夫
相连，方便活动，宽松，
休闲。

衣领和正装衬衫领
基本相同。

袖克夫有纽扣设计，
方便随时开合。

衬衫领型、门襟设计图例

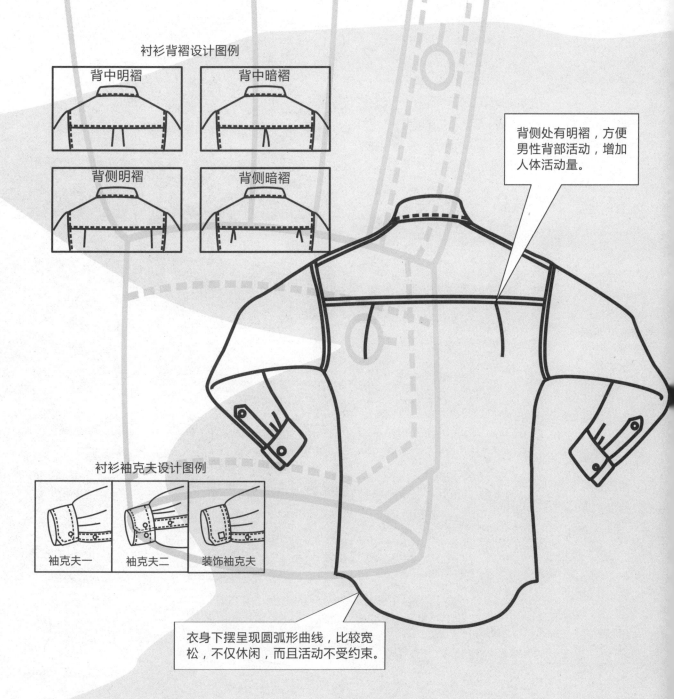

衬衫背褶设计图例

背中明褶

背中暗褶

背侧明褶

背侧暗褶

背侧处有明褶，方便男性背部活动，增加人体活动量。

衬衫袖克夫设计图例

袖克夫一

袖克夫二

装饰袖克夫

衣身下摆呈现圆弧形曲线，比较宽松，不仅休闲，而且活动不受约束。

男式中裤

款式介绍

男士中裤是指介于短裤和长裤之间的裤型，是夏天男性裤子的基本款型之一，它包括正装与休闲装两种类别。正装中裤通常搭配正装上衣，出现在比较正式的场合；休闲中裤是人们在日常闲暇运动时所穿着的，它强调随意、自然、大方。

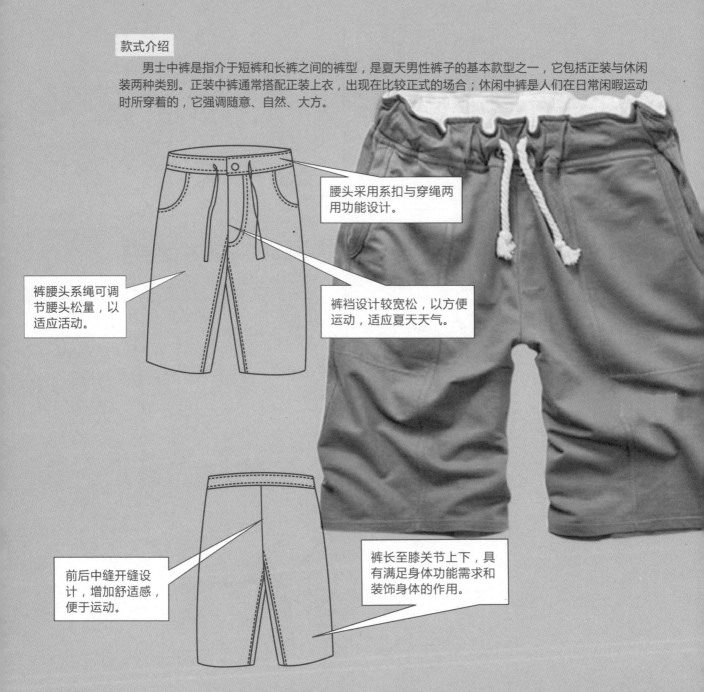

腰头采用系扣与穿绳两用功能设计。

裤腰头系绳可调节腰头松量，以适应活动。

裤裆设计较宽松，以方便运动，适应夏天天气。

前后中缝开缝设计，增加舒适感，便于运动。

裤长至膝关节上下，具有满足身体功能需求和装饰身体的作用。

男式套头针织衫

针织衫是指用针织设备织出来的服装，可外穿，也可内衬，由羊毛、兔毛、驼毛、羊绒、棉、麻、真丝、竹纤维、人造纤维、尼龙、涤纶、腈纶等纱线材料机织而成，是男性在春、秋、冬季必备的基本款式之一。

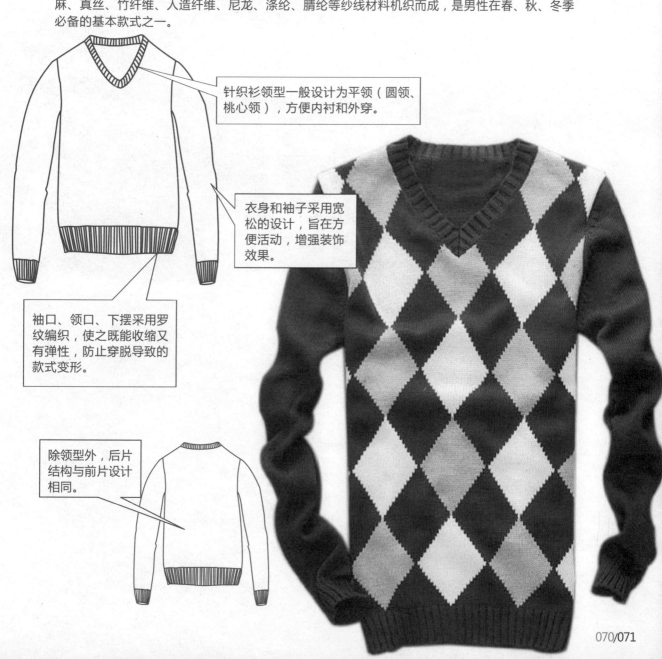

针织衫领型一般设计为平领（圆领、桃心领），方便内衬和外穿。

衣身和袖子采用宽松的设计，旨在方便活动，增强装饰效果。

袖口、领口、下摆采用罗纹编织，使之既能收缩又有弹性，防止穿脱导致的款式变形。

除领型外，后片结构与前片设计相同。

男式针织运动衣

款式介绍

　　针织运动衣又称卫衣，衣身较宽松，袖口收缩、有弹性，兼时尚与功能于一身，是青少年首选的基础服装。

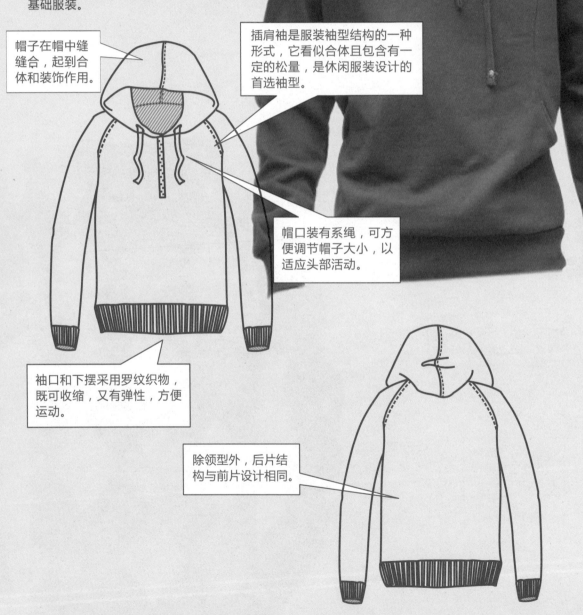

帽子在帽中缝缝合，起到合体和装饰作用。

插肩袖是服装袖型结构的一种形式，它看似合体且包含有一定的松量，是休闲服装设计的首选袖型。

帽口装有系绳，可方便调节帽子大小，以适应头部活动。

袖口和下摆采用罗纹织物，既可收缩，又有弹性，方便运动。

除领型外，后片结构与前片设计相同。

男式牛仔夹克

男式牛仔夹克是男装的基本款之一，其造型硬朗，具有较强的实用性。夹克外型设计突出肩、胸造型，袖山、袖口融机能性、运动性为一体，形象豪放、潇洒、精干，是男性日常生活必选的基本款。

衣领和衬衫领基本型相同。

袖子是两片袖结构，袖肥较大，袖山较低，活动量充分。

衣身呈直筒形，略做收腰设计，强调中性美。

背缝缉明线，增加款式后背的装饰美感。

下摆做3~5cm宽卷边，缉明线，增加下摆的牢度。

072/073

男式运动夹克

款式介绍

　　这是一款由运动装发展而来的夹克式样，其显著特点是：衣身较短，胸围、袖围宽松，领口、袖口、下摆为罗纹织物，是春、秋季节男性休闲时穿着最多的款式之一。

袖子是一片袖结构，袖肥较大，袖山较低，活动量充分。

立领设计，贴合人体的颈部。

衣身呈直筒形，略做收腰设计，强调中性美。

后衣片背部的育克设计，增强后衣片的肩部拉力。

下摆、领口、袖口为罗纹织物，使款式合体且增强牢度。

男式牛仔裤

款式介绍

　　牛仔裤是现代人非常喜欢穿着的裤型，有直筒裤、萝卜裤、窄腿裤等样式，其特点以紧包臀部、裤缝缉双明线、洗水处理等为特色。牛仔裤的造型一般不分男女，是一年四季百搭服装之首。

随穿着的需求可在腰部做高腰、中腰、低腰变化设计。

前片弯型插袋设计可方便手插袋，是牛仔裤最显著的结构特点。

裤长度一般至脚踝上下。

右后片做一字口袋设计。

牛仔裤后裤缝设计可增加臀部的合体程度。

裤口卷边设计，强调裤口的牢度。

男式大衣（渔夫装）

款式介绍

　　渔夫装是以兜头帽和栓扣为特征的中长大衣，因其在世界大战时被英国海军采用，才扩大了其穿着范围。如今的渔夫装设计依旧延续其设计传统，栓扣是不可缺少的元素，服装廓型简洁硬挺，面料多采用较厚较密的粗呢，意在包裹、修饰人体，将男人的身材勾勒成如大理石般的结实线条。

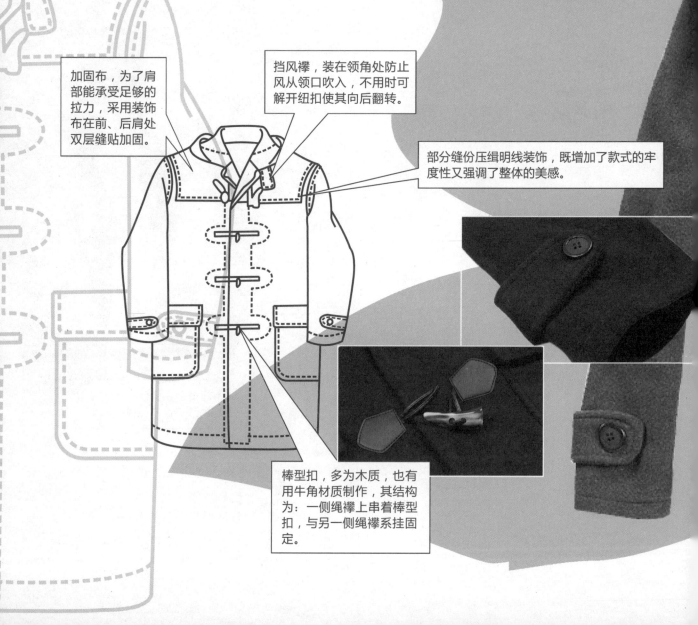

加固布，为了肩部能承受足够的拉力，采用装饰布在前、后肩处双层缝贴加固。

挡风襻，装在领角处防止风从领口吹入，不用时可解开纽扣使其向后翻转。

部分缝份压缉明线装饰，既增加了款式的牢度性又强调了整体的美感。

棒型扣，多为木质，也有用牛角材质制作，其结构为：一侧绳襻上串着棒型扣，与另一侧绳襻系挂固定。

帽子从帽中缝分割，可起到合体和装饰的作用。

袖克夫襻是为了防止袖口进风所装饰的，一边缝在袖缝里，一边用纽扣固定在袖口处。

衣身有侧开衩设计，是为了增强大衣坐势和步行中的张开力。设计通常在衩的上端处缝三角形固定布，以增加部位的抗撕裂度。

2.4 应用设计方法

　　设计是把一种设想、构思借助一种媒介用视觉的形式传达出来的艺术创作过程。如绘画一样，有了好的设想、
作目的，首先要了解其创作实施对象和具体的实践媒介。

好的工具，画家需要选择合适的纸张来表现其绘画内容。平面构成与服装设计应用方法也是如此，要想达到创

T恤款式图

T恤衣片分解图

T恤衣片分解图

T恤衣片裁片图

在平面构成与服装设计应用过程中，款式造型区域是指实现服装创作的基型（纸样）媒介部分。它与绘画艺术中的纸张、建筑设计中的地基一样，介入和参与设计创作，表达一种基础状态，承载并传递造型设计美的基础信息。服装基型（纸样）部分是建立在人体基础之上的，它符合于人体形态构造和生理功能规律，是服装创造"型"的基础空间形式。

在服装设计过程中，设计是围绕其设计计划、构思而设想、建立方案，并绘制出效果图、平面图，根据图纸进行制作，达到完成设计的全过程。要想达到完美的设计，计划、构思，设想、建立方案首先要确定"对象"，也就是说"从哪里开始设计"。平面构成与服装设计应用方法是研究从"款式造型区域"开始的服装设计创造，"款式造型区域"是辅助其方法进行设计实施的基础部分，是实现服装设计创造的前提保证。

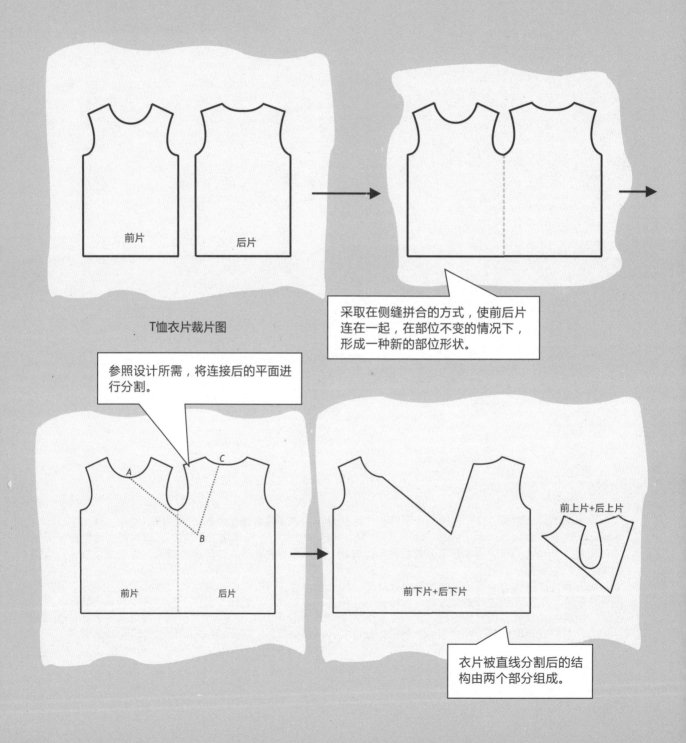

T恤衣片裁片图

采取在侧缝拼合的方式，使前后片连在一起，在部位不变的情况下，形成一种新的部位形状。

参照设计所需，将连接后的平面进行分割。

衣片被直线分割后的结构由两个部分组成。

2.4.2 款式造型区域的解构与设计

　　在服装设计过程中，当装饰方案确定后，设计师将造型材料依据人体进行立体或平面裁剪，由此得出满足人体前后、左右、上下包体所需的多个部位衣片（裁片）。为了达到装饰目的，我们可以借助"橘皮"原理，将服装包体结构看成是"橘子未被剥开皮的整体"或"橘子被切开后皮的个体"，试想我们无论怎样剥开橘皮，橘皮还原后其"橘皮面积"是不会改变的。因此，平面构成与服装设计应用方法第一步就是借助了这个原理，将服装设计对象——款式，在不改变其形态面积的前提下，巧妙改变或者转移原有的结构，力求避免常见、完整、对称的结构，使整体形象支离破碎、疏松零散、变化万千，形成全新的款式造型区域形式，使服装造型创造首先有了全新的空间基础形式。其二，平面构成与服装设计应用方法与其他造型设计艺术一样，严格遵循美的构成法则，把服装的结构、色彩（图案）、材料（肌理）关系，结合点、线、面、体等造型要素与美的创造相融合，使服装依附于人体，并遵循人体美的规律而存在。具体方法步骤表现为：确定款式→部位直线、曲线分割→平面构成创造等三个部分内容。

正面　　　　　　　背面　　　　　　　侧面

部位分割后直线的构成款式

正面　　　　　　　背面　　　　　　　侧面

部位分割后直线和点的构成款式

正面　　　　　　　背面　　　　　　　侧面

部位分割后直线、点、面构成的款式

　　平面构成与服装设计应用方法是以平面构成与服装设计理论原点为基础，以科学的技术和艺术创造为前提，围绕人体研究服装款式形态设计的表面构成形式。其方法区别于常规单件服装设计对款式前、后片和袖片、裤片等裁片的"定性"创造，设计特性表现灵活多样，款式造型区域创造无固定的裁片形状，款式结构线的自由表现与平面构成要素的穿插结合装饰，使设计增强了无穷无尽的趣味性。

3. 设计解析

3.1 女式基本款设计解析

3.1.1 内衣
女式文胸

款式图

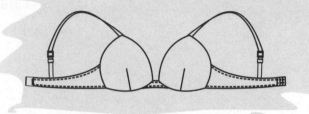

部位分割

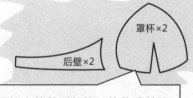

根据人体前后部位，将款式结构进行平面展开。

将后壁部位与罩杯部位连接，使其在一个平面上。

直线分割

将连接后的平面，参照人体结构进行直线分割。

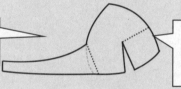

从胸点开始做前中线的垂线向胸中部延伸，使罩杯造型呈现直线变化与面积变化的趣味性（红色虚线）。

（第一步）

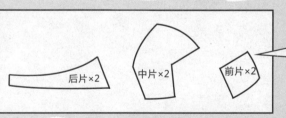

后壁与罩杯经过直线分割后的结构由三个部分组成（前片+中片+后片）。

（第二步）

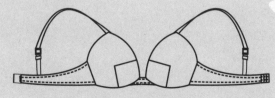

直线分割后的款式

点与直线分割的构成设计

将女式胸衣进行直线分割后，局部添加装饰点，使其视觉效果更加丰富。

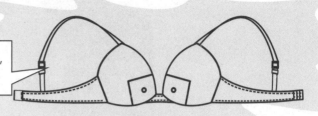

点与直线分割的构成

面与直线分割的构成设计

将女式胸衣进行直线分割后，局部添加面的装饰，使其视觉效果更加丰富。

面与直线分割的构成款式

曲线分割

参照人体结构，将连接后的平面进行曲线分割。

从胸点开始做曲线向胸侧方向延伸，使罩杯的造型呈现曲线与面积的变化。

（第一步）

后壁与罩杯经过曲线分割后的结构由三个部分组成（前片+中片+后片）。

后片×2　中片×2　前片×2

（第二步）

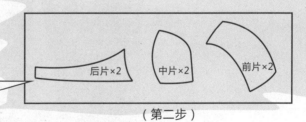

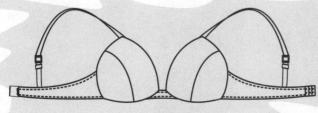

曲线分割后的款式

点与曲线分割的构成设计

面与曲线分割的构成设计

点与曲线分割的构成款式

面与曲线分割的构成款式

女式运动胸衣

款式图

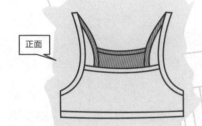 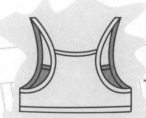

正面

背面

部位分割

根据人体前后部位，将款式结构进行平面展开。

前片

后片

将前片与后片在侧缝处相连接，使其在一个平面上。

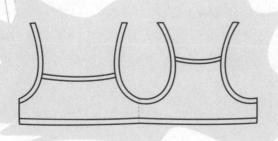

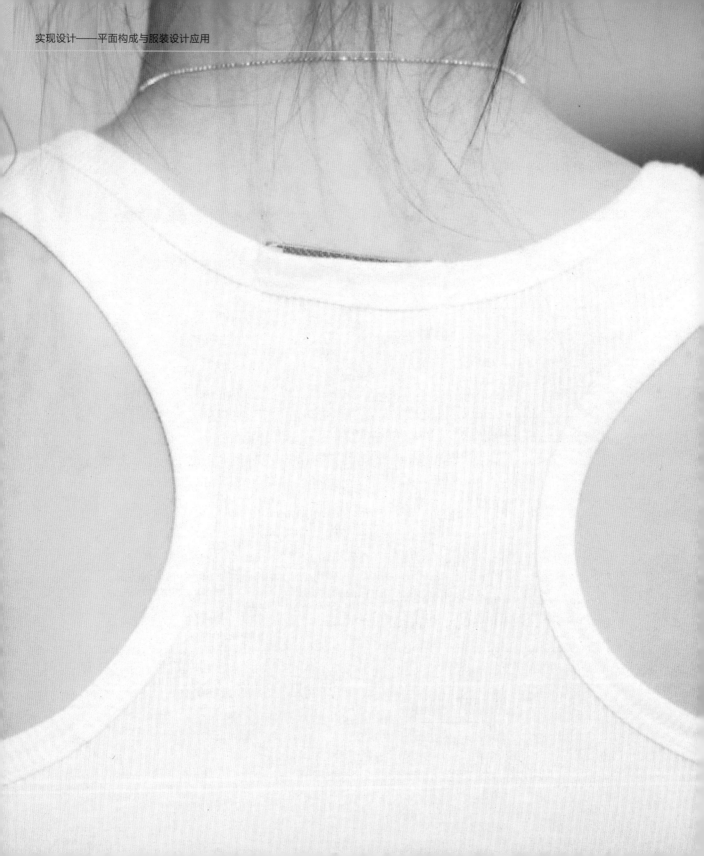

直线分割

将连接后的平面，进行直线分割设计。

在前片胸上口造型线的3/5处做点A，在后片下摆造型线的1/4处做点B，在后片袖窿弧线与侧缝线交叉点设点C，连A、B、C点组成折线（红色虚线）分割构成。

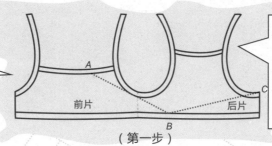

前片　　后片

（第一步）

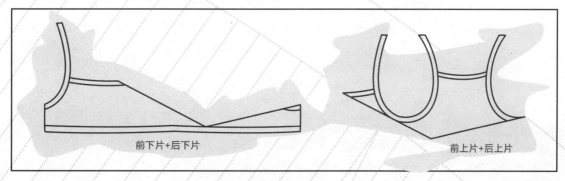

前下片+后下片　　　　　　　　　前上片+后上片

（第二步）

衣片经直线分割后的结构由两个部分组成（前上片+后上片，前下片+后下片）。

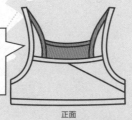

正面　　　　背面

直线分割后的款式效果

点与直线分割的构成设计　　　　　　　　　　　　　　面与直线分割的构成设计

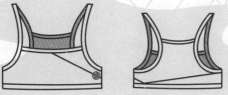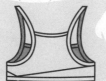

正面　　　　背面　　　　　　　　　正面　　　　背面

点与直线分割的构成款式　　　　　　　　　　面与直线分割的构成款式

曲线分割

参照人体结构，将连接后的平面进行前片和后片曲线分割。

从前片左侧缝任意一点A起，做自由曲线连接前片、右侧缝，后片，最后回到点A（红色虚线）。

（第一步）

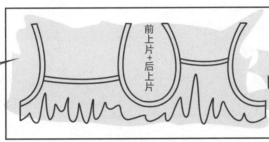

前片与后片经过直线分割后的结构由两个部分组成。

（第二步）

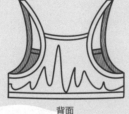

正面　　　　　　　　背面

曲线分割后的款式

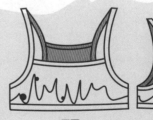

正面　　　　　　　　背面

点与曲线分割的构成款式

正面　　　　　　　　背面

面与曲线分割的构成款式

女式内裤

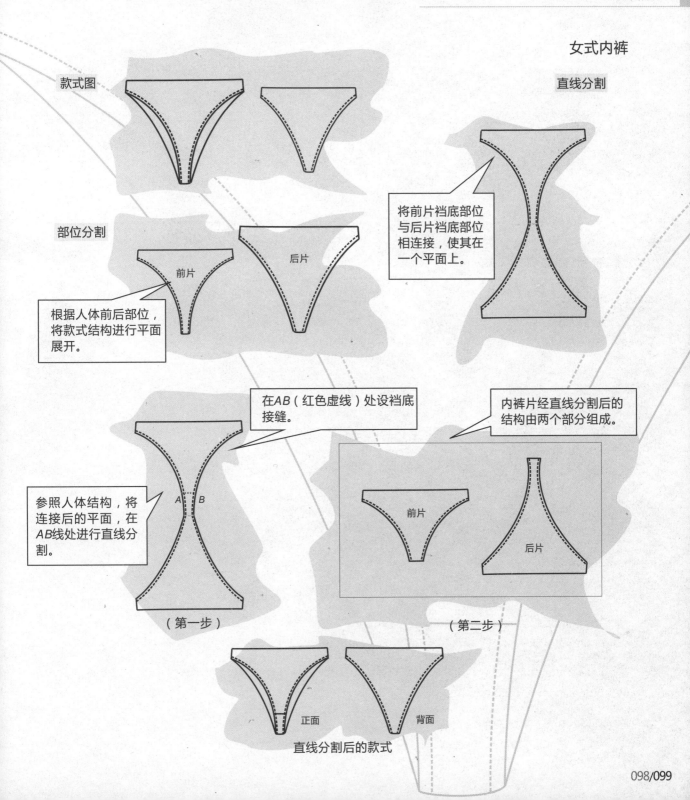

女式内裤

款式图

直线分割

部位分割

将前片裆底部位
与后片裆底部位
相连接，使其在
一个平面上。

前片

后片

根据人体前后部位，
将款式结构进行平面
展开。

在AB（红色虚线）处设裆底
接缝。

内裤片经直线分割后的
结构由两个部分组成。

参照人体结构，将
连接后的平面，在
AB线处进行直线分
割。

A　B

前片

后片

（第一步）

（第二步）

正面

背面

直线分割后的款式

点与直线分割的构成设计

面与直线分割的构成设计

背面　　　　　正面

正面　　　　　背面

在三角裤裆直线处加上点构成装饰。

以直线分解线为分界做色彩对比。

点与直线分割的构成款式

面与直线分割的构成款式

曲线分割

参照人体结构，将连接后的平面进行曲线分割。

A　B

在部位分割的图形内加入一条曲线AB（红色虚线），将组合后的前后片部位分割开，形成不规则的形状。

（第一步）

前片与后片曲线分割后的结构由两个部分组成。

前上片

后片+前下片

（第二步）

正面　　　　　背面

曲线分割后的款式

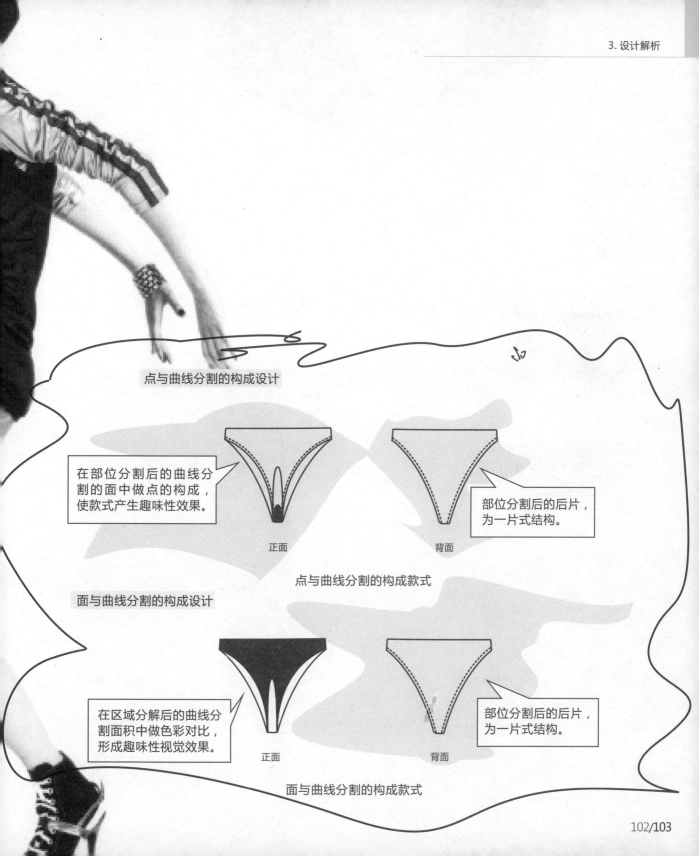

点与曲线分割的构成设计

在部位分割后的曲线分割的面中做点的构成，使款式产生趣味性效果。

部位分割后的后片，为一片式结构。

正面

背面

点与曲线分割的构成款式

面与曲线分割的构成设计

在区域分解后的曲线分割面积中做色彩对比，形成趣味性视觉效果。

部位分割后的后片，为一片式结构。

正面

背面

面与曲线分割的构成款式

3.1.2 T恤

款式图

正面　背面　侧面

部位分割

根据人体的前后部位，将款式结构进行平面展开。

前片　后片　袖片

采取在侧缝拼合的方式，使前后片连在一起，在部位面积不变的情况下，形成一种新的部位形状。

参照人体结构，将连接后的平面进行直线分割。

直线分割

衣片经直线分割后的结构由两个部分组成。

A　C

B

前片　后片

（第一步）

在部位分割的图形内加入折线ABC（红色虚线），将组合后的前后片部位面积分割开，形成不规则的造型形状。

前上片+后上片

前下片+后下片

（第二步）

直线分割后的款式
效果，无侧缝线，
前后肩部与衣身呈
不对称造型。

正面　　　　　背面　　　　　侧面

直线分割后的款式　　　　　　点与直线分割的构成设计

在部位分割后的直线分
割面中做点的设计，使
款式增强趣味性。

正面　　　　　背面　　　　　侧面

点与直线分割的构成款式　　　面与直线分割的构成设计

在部位分割后的直线分
割面中做色彩对比，使
款式产生不对称效果。

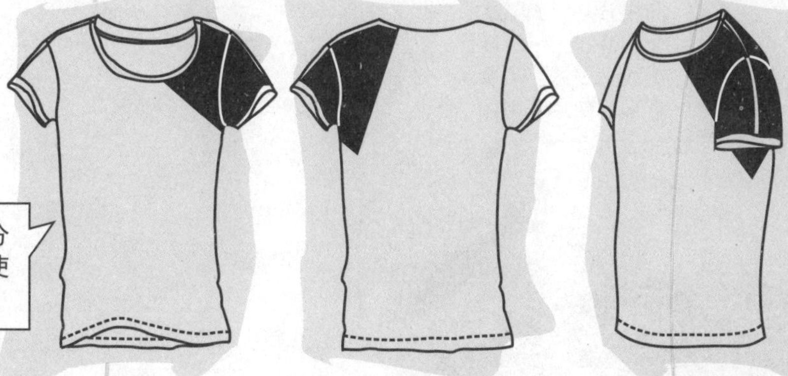

正面　　　　　背面　　　　　侧面

面与直线分割的构成款式

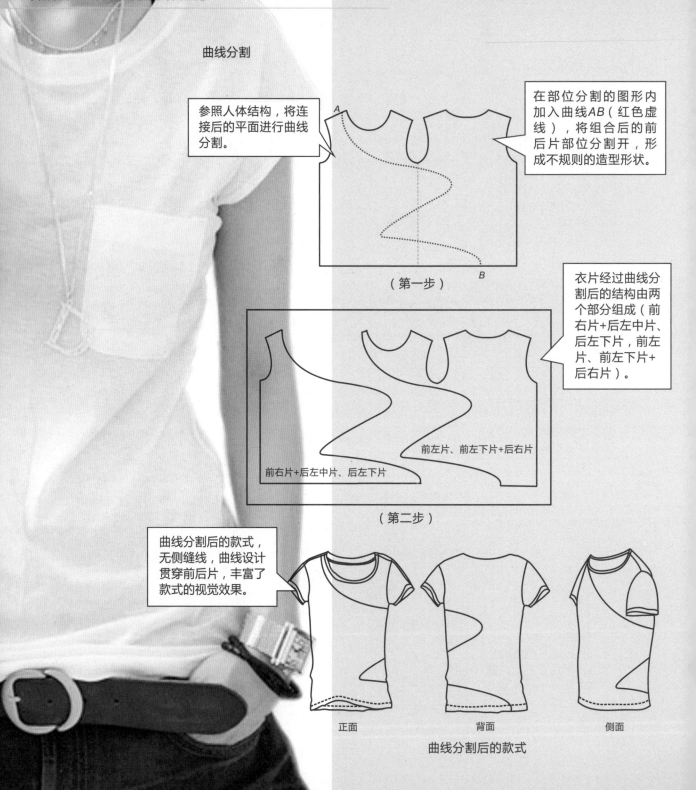

曲线分割

参照人体结构，将连接后的平面进行曲线分割。

在部位分割的图形内加入曲线AB（红色虚线），将组合后的前后片部位分割开，形成不规则的造型形状。

A

B

（第一步）

衣片经过曲线分割后的结构由两个部分组成（前右片+后左中片、后左下片，前左片、前左下片+后右片）。

前右片+后左中片、后左下片

前左片、前左下片+后右片

（第二步）

曲线分割后的款式，无侧缝线，曲线设计贯穿前后片，丰富了款式的视觉效果。

正面　　　　　　背面　　　　　　侧面

曲线分割后的款式

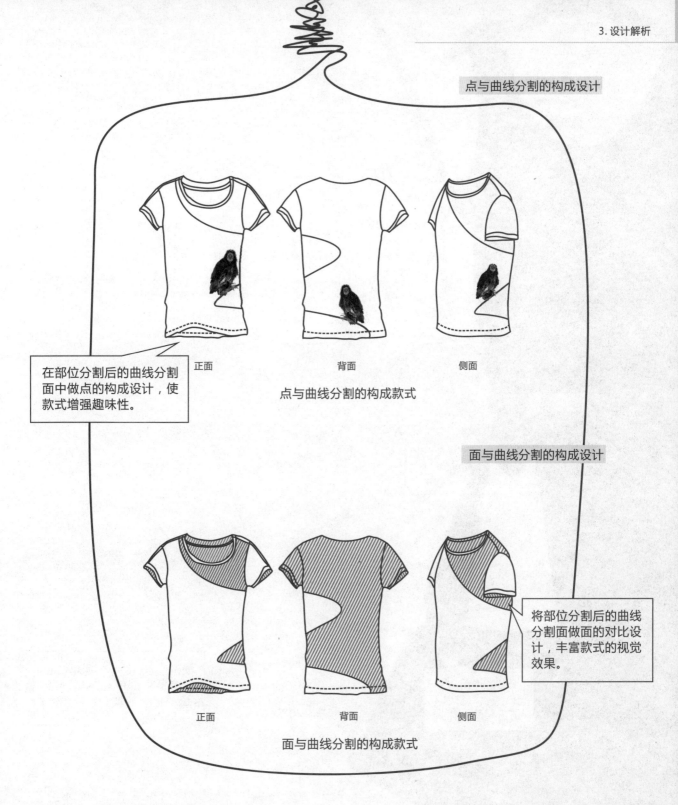

点与曲线分割的构成设计

在部位分割后的曲线分割面中做点的构成设计，使款式增强趣味性。

正面　　　　　背面　　　　　侧面

点与曲线分割的构成款式

面与曲线分割的构成设计

将部位分割后的曲线分割面做面的对比设计，丰富款式的视觉效果。

正面　　　　　背面　　　　　侧面

面与曲线分割的构成款式

3.1.3 连衣裙

款式图

部位分割

正面　　　　背面　　　　侧面

前片　　　　　后片

根据人体前后部位，将款式结构进行平面展开。

使前片与后片在一侧肩线上相接起来，使其在一个平面上。

直线分割

在部位分割的图形内加入一条直线AB（红色虚线），将组合后的前后片部位分割开，形成不规则的造型形状。

参照人体结构，将连接后的平面进行直线分割。

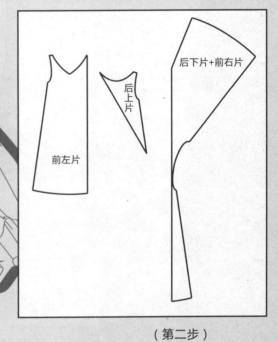

（第一步）

后下片+前右片

后上片

前左片

（第二步）

衣片经过直线分割后的结构由三个部分组成（前左片，后上片，后下片+前右片）。

直线分割后的服装背面由斜向两个部分组成。

直线分割后的服装正面由纵向两个部分组成。

正面　　　　　　　背面　　　　　　　侧面

直线分割后的服装款式

点与直线分割的构成设计

在部位分割后的直线上做点的重复构成设计，使款式增强视觉效果。

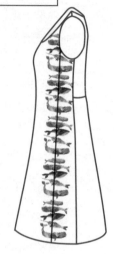

正面　　　　背面　　　　侧面

点与直线分割的构成款式

在部位分割后的直线分割面中做点的重复，构成"面"的设计，使款式造型更有韵味。

面与直线分割的构成设计

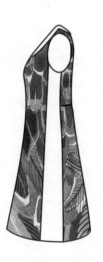

正面　　　　背面　　　　侧面

面与直线分割的构成款式

曲线分割

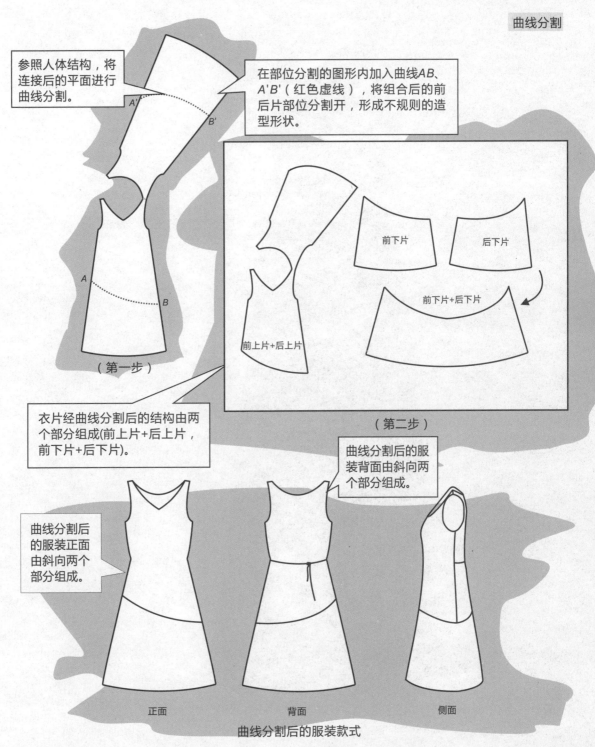

参照人体结构，将连接后的平面进行曲线分割。

A'

B'

在部位分割的图形内加入曲线AB、A'B'（红色虚线），将组合后的前后片部位分割开，形成不规则的造型形状。

前下片

后下片

前下片+后下片

A

B

前上片+后上片

（第一步）

（第二步）

衣片经曲线分割后的结构由两个部分组成(前上片+后上片，前下片+后下片)。

曲线分割后的服装背面由斜向两个部分组成。

曲线分割后的服装正面由斜向两个部分组成。

正面

背面

侧面

曲线分割后的服装款式

点与曲线分割的构成设计

在部位分割后的曲线分割面中做点的结构设计，增加款式的趣味性。

正面　　　　　　背面　　　　　　　侧面

点与曲线分割的构成款式

面与曲线分割的构成设计

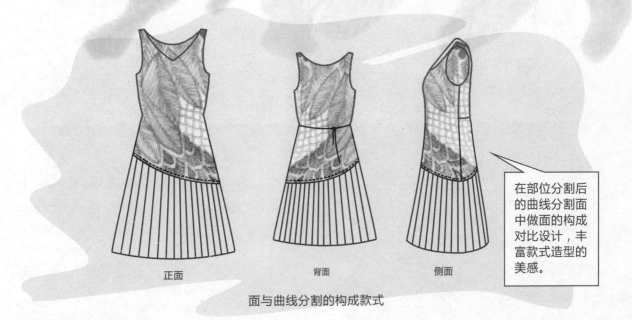

在部位分割后的曲线分割面中做面的构成对比设计，丰富款式造型的美感。

正面　　　　　　背面　　　　　　侧面

面与曲线分割的构成款式

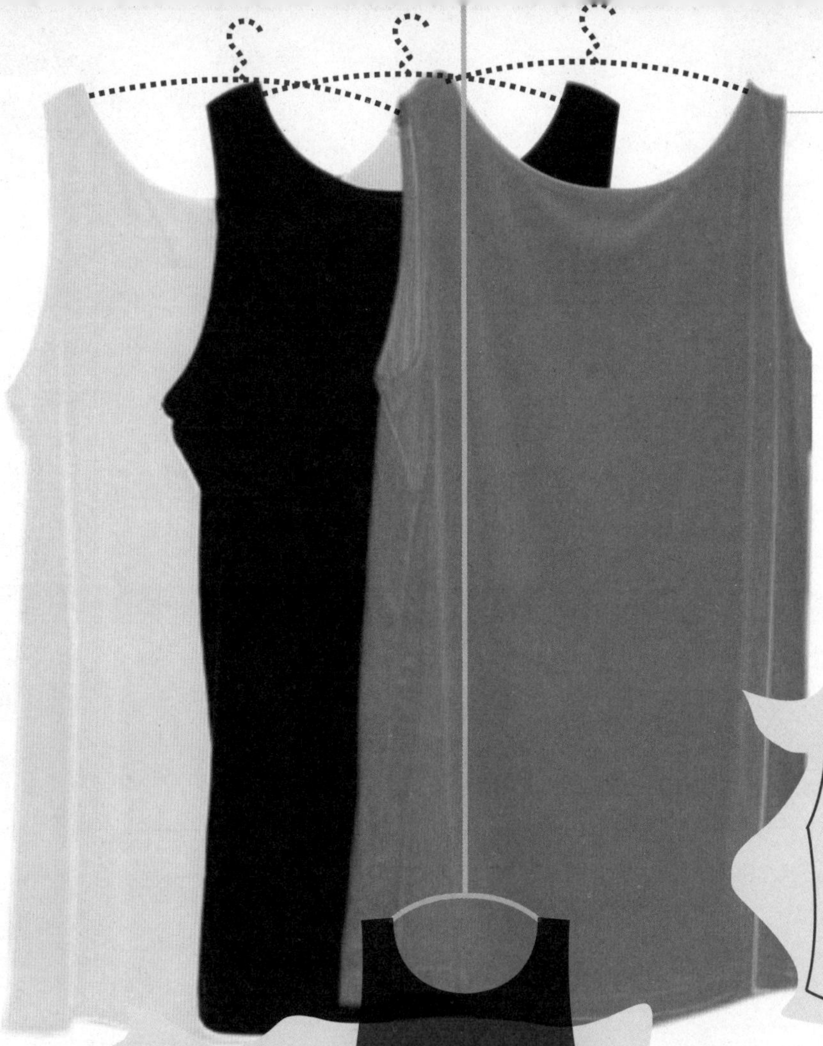

3.1.4 背心

款式图

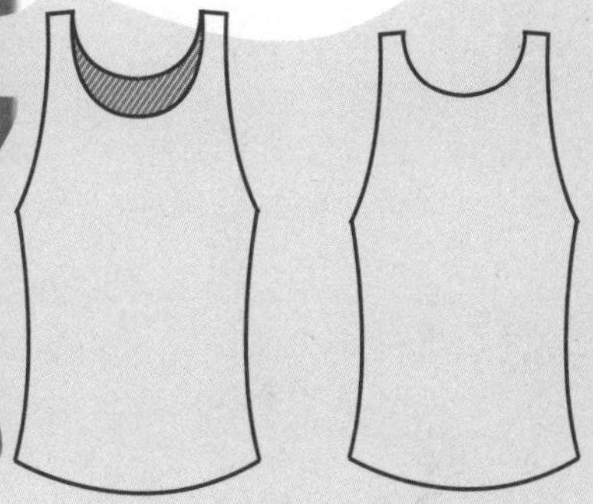

正面　　　　背面

部位分割

前片　　　后片

根据人体前后部位，将款式结构进行平面展开。

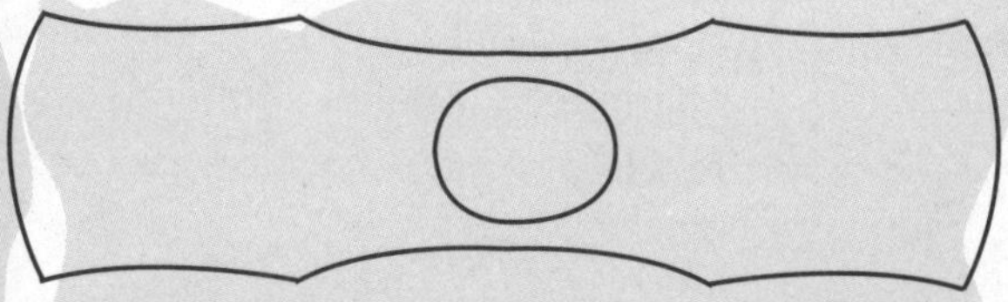

使前片与后片在肩线处相接，使其在一个平面单位里。

直线分割

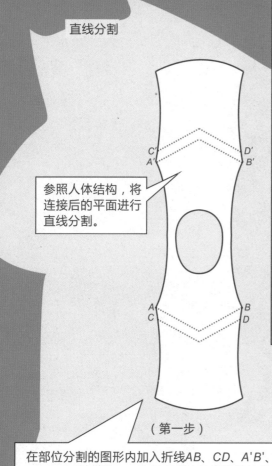

参照人体结构，将
连接后的平面进行
直线分割。

（第一步）

在部位分割的图形内加入折线*AB*、*CD*、*A'B'*、
C'D'（红色虚线），将组合后的前后片部位分
割开，形成不规则的造型形状。

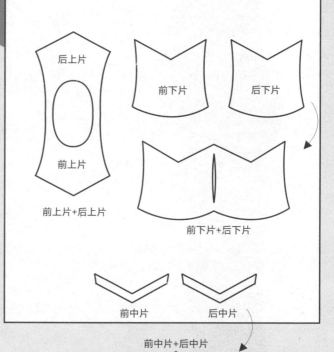

（第二步）

衣片经直线分割后的结构由三个部
分组成（前上片+后上片，前下片+
后下片，前中片+后中片）。

直线分割后的服
装正面由纵向三
个部分组成。

直线分割后的服
装后片由纵向三
个部分组成。

正面   背面

直线分割后的款式

点与直线分割的构成设计

在部位分割后的直线分割面中做点的发射构成，增强款式美感。

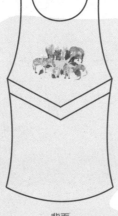

正面　　背面

点与直线分割的构成款式

面与直线分割的构成设计

在分割后的部位做面积中对比设计，增强款式美的冲击感。

正面　　背面

面与直线分割的构成款式

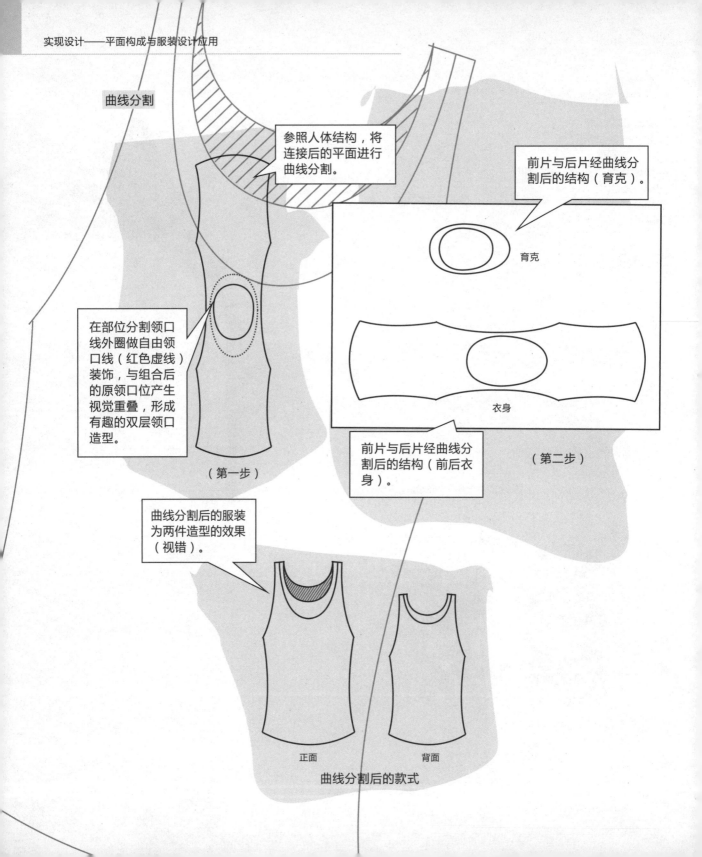

曲线分割

参照人体结构，将连接后的平面进行曲线分割。

前片与后片经曲线分割后的结构（育克）。

育克

衣身

在部位分割领口线外圈做自由领口线（红色虚线）装饰，与组合后的原领口位产生视觉重叠，形成有趣的双层领口造型。

（第一步）

前片与后片经曲线分割后的结构（前后衣身）。

（第二步）

曲线分割后的服装为两件造型的效果（视错）。

正面

背面

曲线分割后的款式

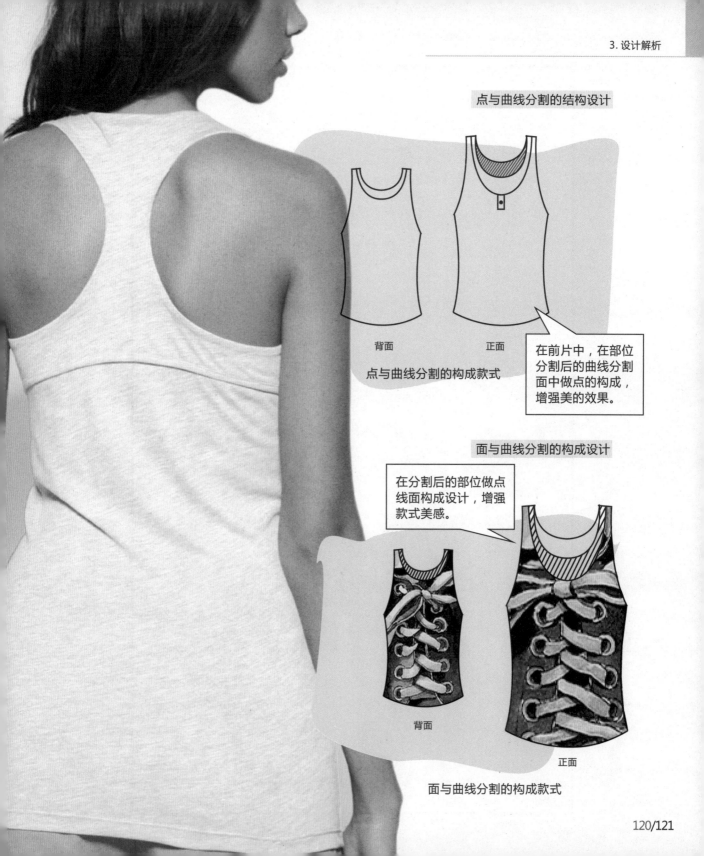

点与曲线分割的结构设计

背面　　　　　　正面

点与曲线分割的构成款式

在前片中，在部位分割后的曲线分割面中做点的构成，增强美的效果。

面与曲线分割的构成设计

在分割后的部位做点线面构成设计，增强款式美感。

背面

正面

面与曲线分割的构成款式

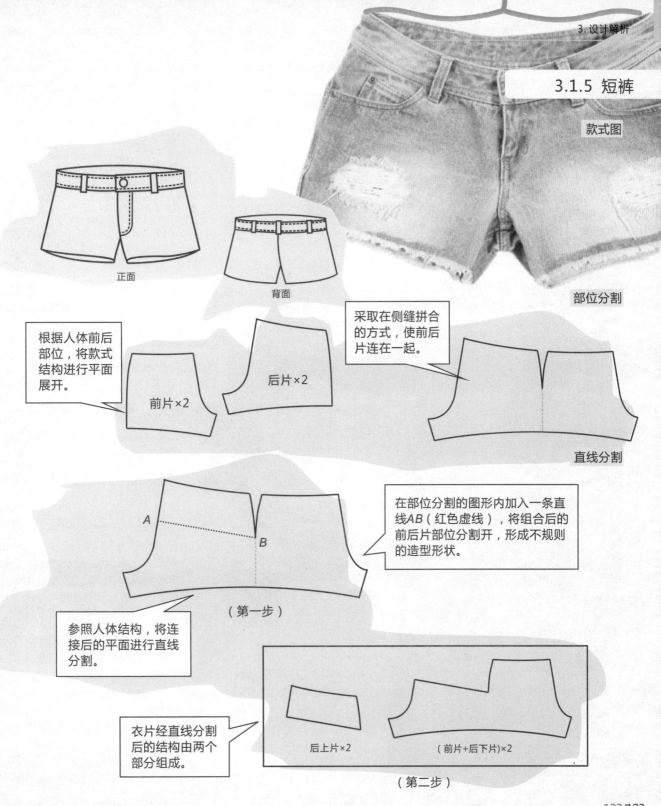

3.1.5 短裤

款式图

正面

背面

部位分割

根据人体前后部位，将款式结构进行平面展开。

前片×2

后片×2

采取在侧缝拼合的方式，使前后片连在一起。

直线分割

在部位分割的图形内加入一条直线AB（红色虚线），将组合后的前后片部位分割开，形成不规则的造型形状。

A

B

（第一步）

参照人体结构，将连接后的平面进行直线分割。

衣片经直线分割后的结构由两个部分组成。

后上片×2

（前片+后下片)×2

（第二步）

122/123

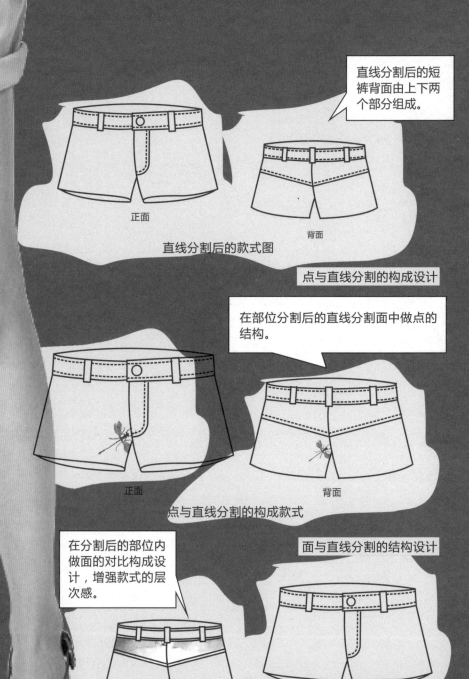

直线分割后的短裤背面由上下两个部分组成。

正面

背面

直线分割后的款式图

点与直线分割的构成设计

在部位分割后的直线分割面中做点的结构。

正面

背面

点与直线分割的构成款式

在分割后的部位内做面的对比构成设计，增强款式的层次感。

面与直线分割的结构设计

背面

正面

面与直线分割的构成款式

曲线分割

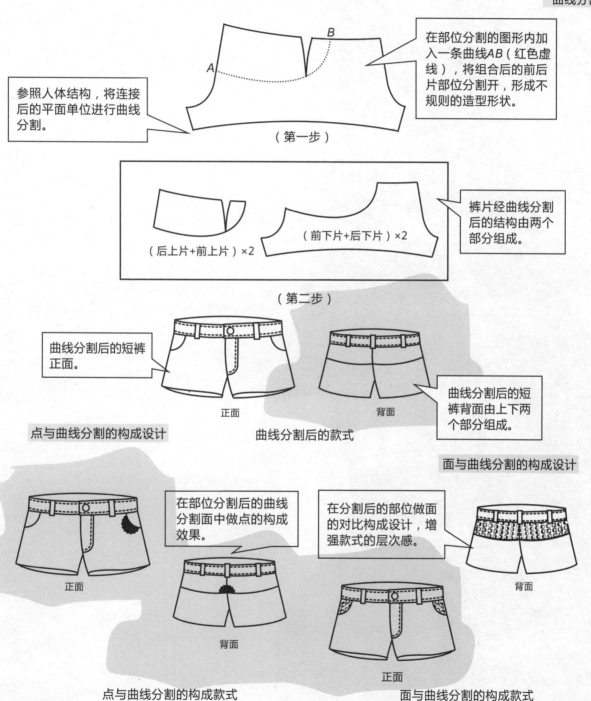

参照人体结构，将连接后的平面单位进行曲线分割。

（第一步）

在部位分割的图形内加入一条曲线AB（红色虚线），将组合后的前后片部位分割开，形成不规则的造型形状。

（后上片+前上片）×2

（前下片+后下片）×2

裤片经曲线分割后的结构由两个部分组成。

（第二步）

曲线分割后的短裤正面。

正面

背面

曲线分割后的短裤背面由上下两个部分组成。

曲线分割后的款式

点与曲线分割的构成设计

面与曲线分割的构成设计

在部位分割后的曲线分割面中做点的构成效果。

在分割后的部位做面的对比构成设计，增强款式的层次感。

正面

背面

背面

正面

点与曲线分割的构成款式

面与曲线分割的构成款式

3.1.6 马甲

款式图

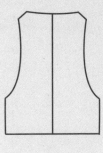

正面　　　　背面

部位分割

前片×2　过面　后片×2

根据人体前后部位，将款式结构进行平面展开。

将前片与后片的侧缝相连接，使其在一个平面单位里。

直线分割

参照人体结构，将连接后的平面进行直线分割。

A

B

在部位分割的图形内加入一条直线AB（红色虚线），将组合后的前后片部位分割开，形成不规则的造型形状。

（第一步）

衣片经直线分割后的结构由两部分组成。

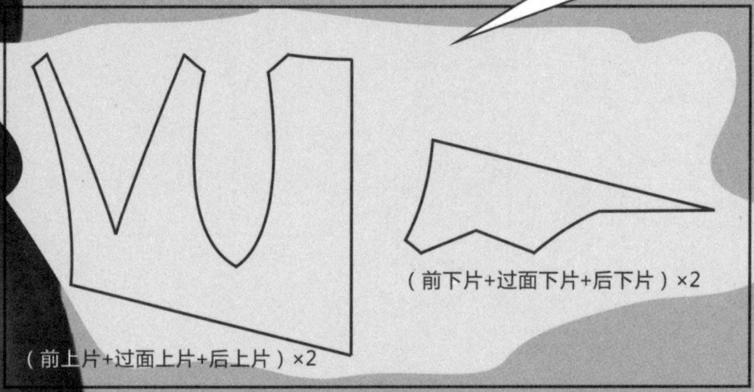

（前下片+过面下片+后下片）×2

（前上片+过面上片+后上片）×2

（第二步）

直线分割后的服装背面为纵向上下两个部分。

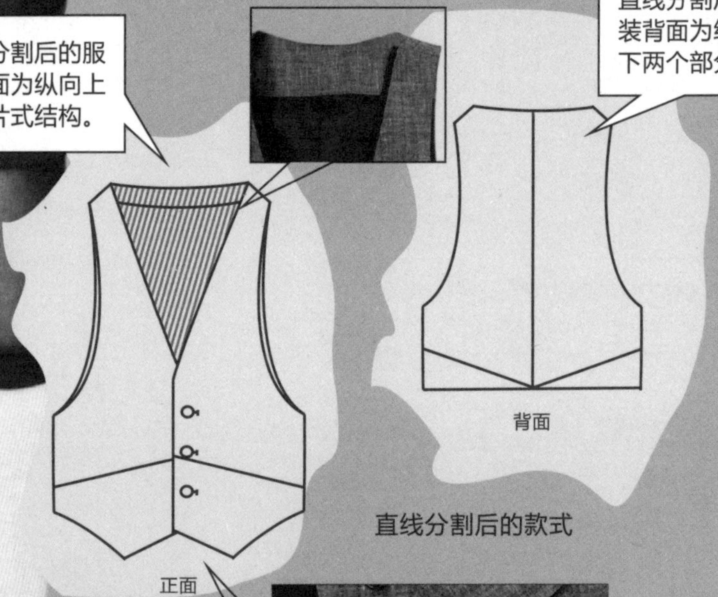

直线分割后的服装正面为纵向上下两片式结构。

背面

直线分割后的款式

正面

点与直线分割的构成设计

在部位分割后的直线分割面上做点的特异构成效果。

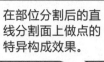
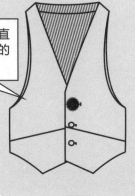
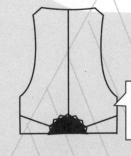

在部位分割后的直线分割面上做点的构成。

正面　　　　　　　背面

点与直线分割的构成款式

面与直线分割的构成设计

将正面的构成设计延续到背面，使之形成虚实对比。

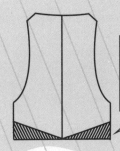

在分割后的部位上做线重复，构成面的对比设计，增强款式的视觉美感。

正面　　　　　　　背面

面与直线分割的构成款式

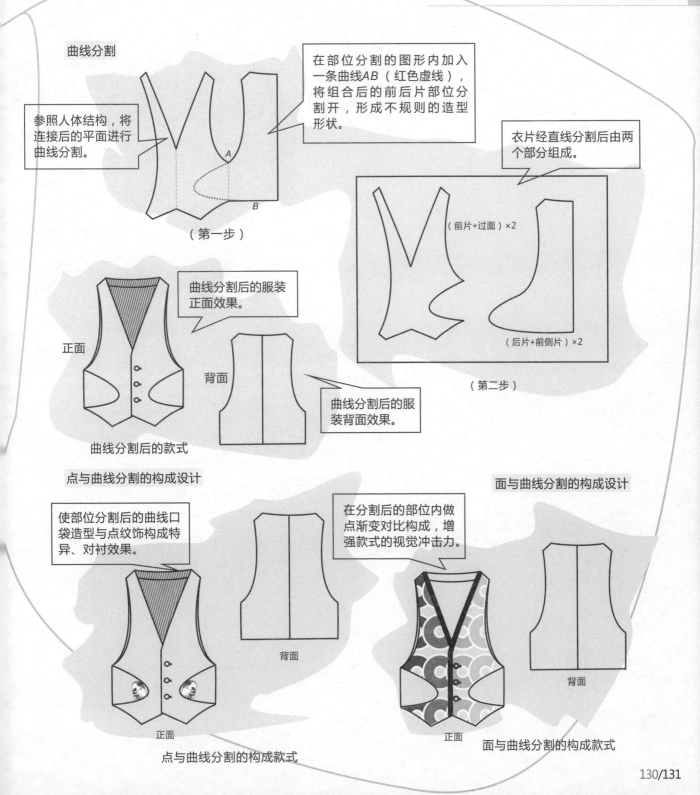

曲线分割

参照人体结构，将连接后的平面进行曲线分割。

在部位分割的图形内加入一条曲线AB（红色虚线），将组合后的前后片部位分割开，形成不规则的造型形状。

衣片经直线分割后由两个部分组成。

（第一步）

（前片+过面）×2

（后片+前侧片）×2

（第二步）

曲线分割后的服装正面效果。

正面

背面

曲线分割后的服装背面效果。

曲线分割后的款式

点与曲线分割的构成设计

面与曲线分割的构成设计

使部位分割后的曲线口袋造型与点纹饰构成特异、对衬效果。

在分割后的部位内做点渐变对比构成，增强款式的视觉冲击力。

背面

正面

点与曲线分割的构成款式

正面

背面

面与曲线分割的构成款式

3.1.7 衬衫

款式图

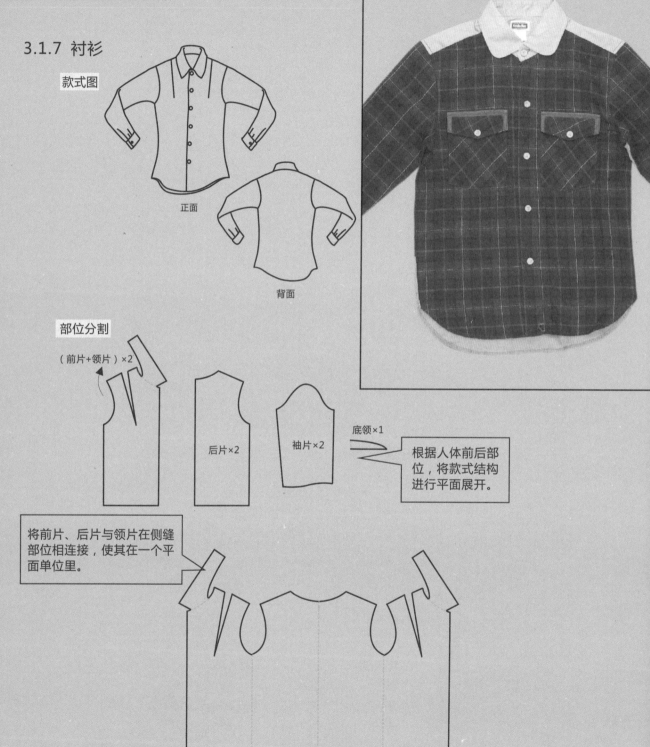

正面

背面

部位分割

（前片+领片）×2

后片×2

袖片×2

底领×1

根据人体前后部位，将款式结构进行平面展开。

将前片、后片与领片在侧缝部位相连接，使其在一个平面单位里。

直线分割

参照人体结构，将连接后的平面单位进行直线装饰分割。

在部位分割的图形内加入折线ABC（红色虚线），将组合后的前后片部位面积分割开，形成不规则的造型形状。

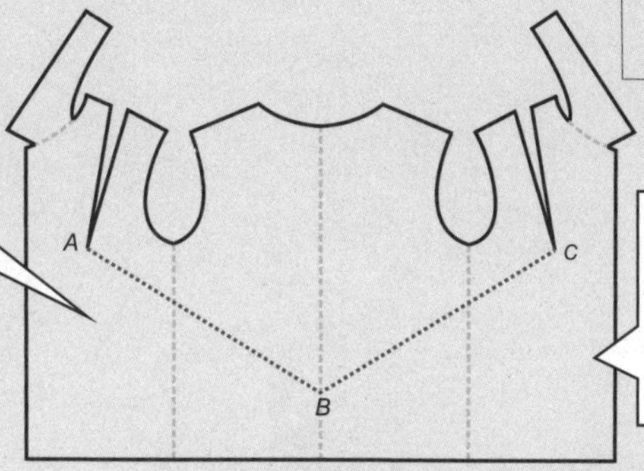

A

C

B

（第一步）

组合衣片经直线装饰分割后的结构由两部分组成。

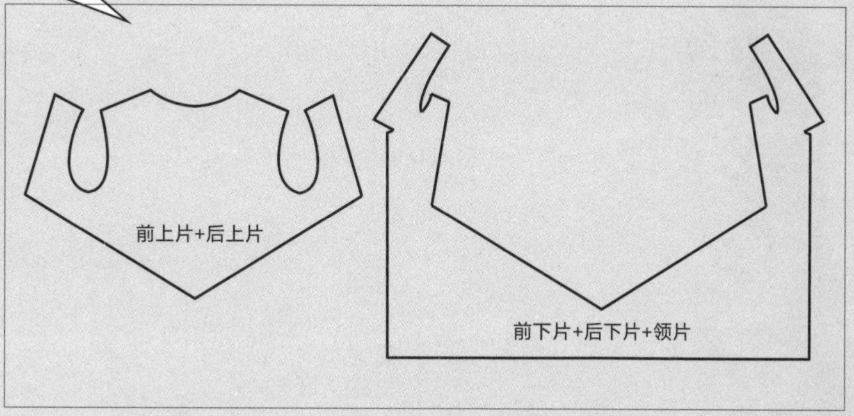

前上片+后上片

前下片+后下片+领片

（第二步）

直线分割后的服装正面为肩部育克对称结构。

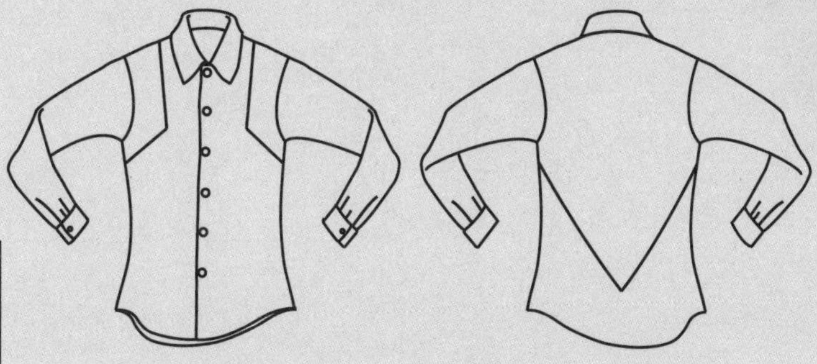

直线分割后的服装背面由纵向两个部分组成。

正面

背面

直线分割后的款式

点与直线分割的构成设计

在部位分割后的直线分割面积中做点的特异构成。

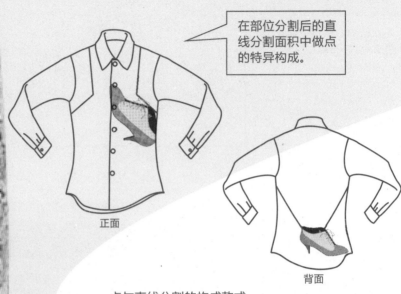

正面

背面

点与直线分割的构成款式

面与直线分割的构成设计

用重复的线构成面对比设计，增强款式的层次感。

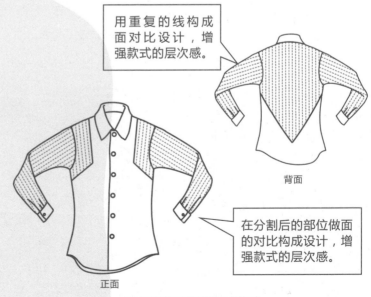

背面

在分割后的部位做面的对比构成设计，增强款式的层次感。

正面

面与直线分割的构成款式

曲线分割

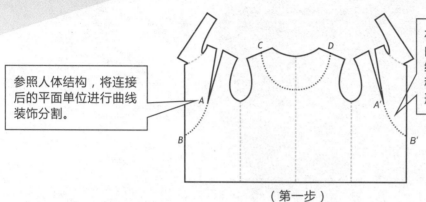

参照人体结构，将连接后的平面单位进行曲线装饰分割。

在部位分割的图形内加入三条曲线AB、A'B'、CD（红色虚线），将组合后的衣片部位面积分割开，形成不规则的造型形状。

（第一步）

后上片

前上片×2

前下片+后下片

组合衣片经曲线装饰分割后的结构由三部分组成。

（第二步）

曲线分割后的服装正面为育克结构。

曲线分割后的服装背面为育克结构。

正面

背面

曲线分割后的款式

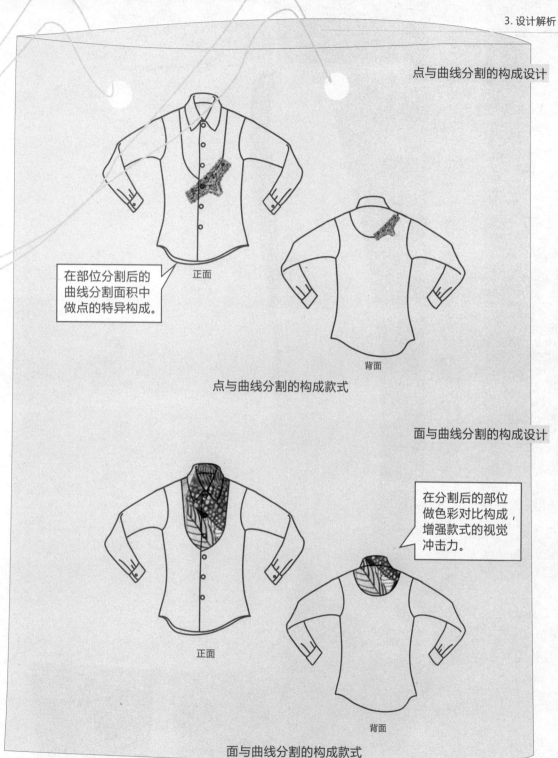

点与曲线分割的构成设计

在部位分割后的曲线分割面积中做点的特异构成。

正面

背面

点与曲线分割的构成款式

面与曲线分割的构成设计

在分割后的部位做色彩对比构成，增强款式的视觉冲击力。

正面

背面

面与曲线分割的构成款式

3.1.8 针织运动衣

款式图

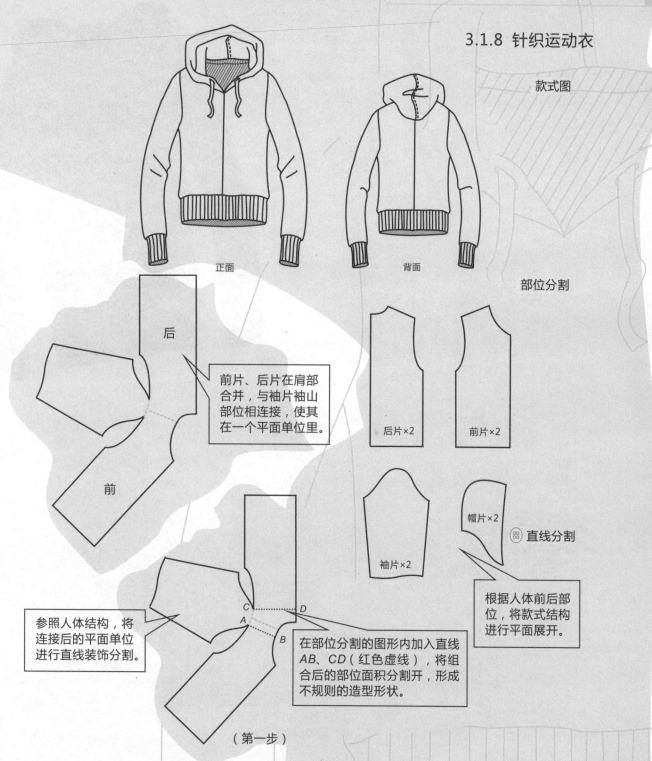

正面

背面

部位分割

后

前

前片、后片在肩部合并，与袖片袖山部位相连接，使其在一个平面单位里。

后片×2

前片×2

袖片×2

帽片×2

⊗ 直线分割

根据人体前后部位，将款式结构进行平面展开。

参照人体结构，将连接后的平面单位进行直线装饰分割。

C　D
A
B

在部位分割的图形内加入直线 AB、CD（红色虚线），将组合后的部位面积分割开，形成不规则的造型形状。

（第一步）

衣片经直线装饰分解后的结构由三部分组成。

前下片×2

后下片×2

（袖片+前上片+后上片）×2

（第二步）

经直线分割后的服装正面为插肩袖结构。

正面

点与直线分割的构成设计

经直线分割后的服装背面为背部与袖片相连的连肩袖结构。

背面

背面

直线分割后的款式

在部位分割后的直线分割面积中做点的构成装饰效果。

正面

点与直线分割的构成款式

面与直线分割的构成设计

在帽子上做重复线构成的面的对比设计，增强款式的层次感。

正面　　　　　　背面

面与直线分割的构成款式

曲线分割

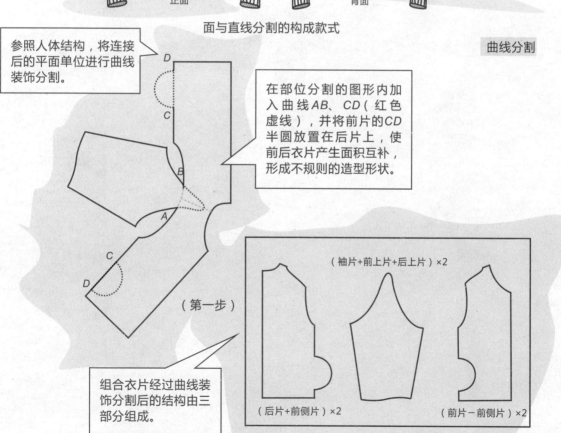

参照人体结构，将连接后的平面单位进行曲线装饰分割。

在部位分割的图形内加入曲线 AB、CD（红色虚线），并将前片的 CD 半圆放置在后片上，使前后衣片产生面积互补，形成不规则的造型形状。

（第一步）

组合衣片经过曲线装饰分割后的结构由三部分组成。

（袖片+前上片+后上片）×2

（后片+前侧片）×2　　　　（前片-前侧片）×2

（第二步）

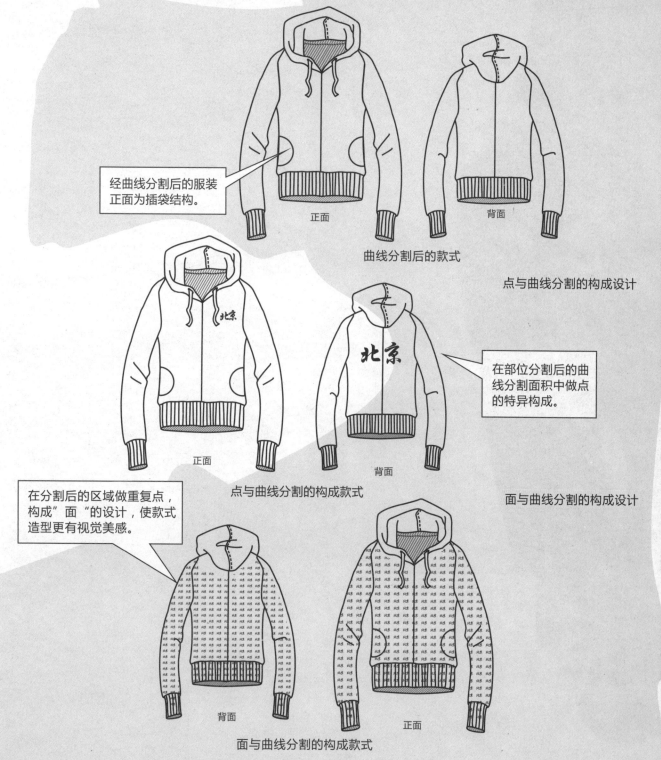

经曲线分割后的服装正面为插袋结构。

正面　　　　　背面

曲线分割后的款式

点与曲线分割的构成设计

北京

在部位分割后的曲线分割面积中做点的特异构成。

正面　　　　　背面

点与曲线分割的构成款式

面与曲线分割的构成设计

在分割后的区域做重复点，构成"面"的设计，使款式造型更有视觉美感。

背面　　　　　正面

面与曲线分割的构成款式

3.1.9 西装上衣

款式图

部位分割

正面

背面

领座×2
翻领×2
前片×2
后片×2

前侧片×2
后侧片×2
大袖×2
小袖×2

根据人体前后部位区域，将款式结构进行平面展开。

将前片、翻领片、大袖前半部分、小袖前半部分合并，使其在一个平面单位里。

将后片、大袖后半部分、小袖后半部分合并，使其在一个平面单位里。

直线分割

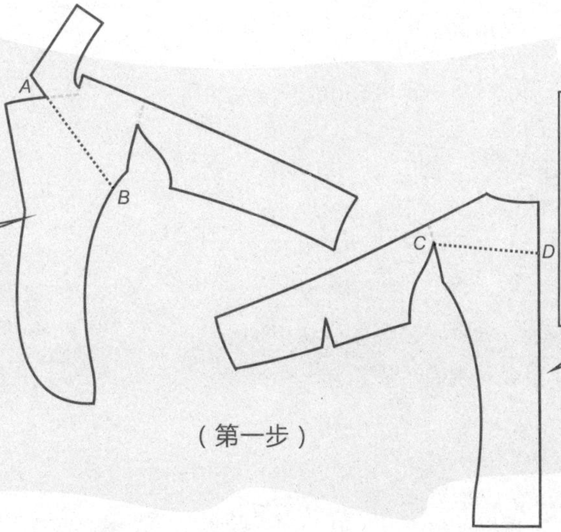

A

B

C ∙∙∙∙∙∙∙∙∙∙∙∙ D

在部位分割的图形内加入直线AB、CD（红色虚线），将组合后的前后片区域面积分割开，形成不规则的造型形状。

参照人体结构，将连接后的平面单位进行直线装饰分割。

（第一步）

前片×2

（前上片+领片+前袖片）×2

（后上片+后袖片）×2

后片×2

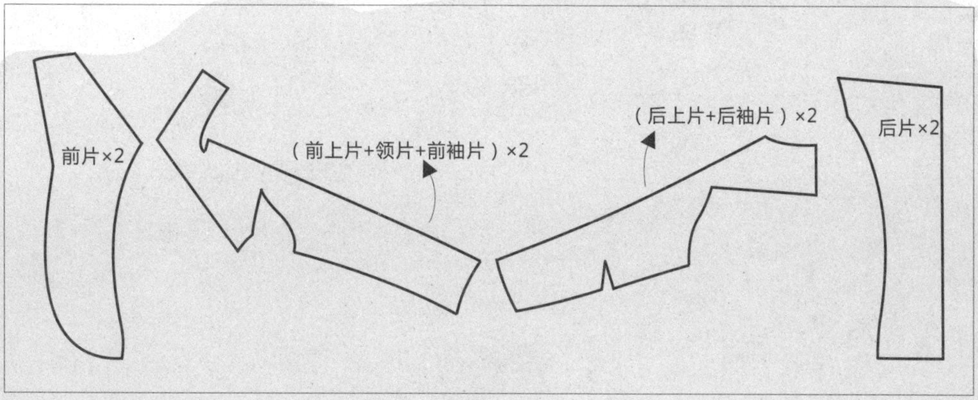

（第二步）

组合衣片经过直线装饰分割后的结构由四部分组成。

直线分割后的服装为连肩袖结构。

正面

背面

直线分割后的款式

点与直线分割的构成设计

在服装背面，袖片造型与点的构成造成特异装饰效果。

面与直线分割的构成设计

部位分割后的结构与纹样"面"的构成造成内外对比，丰富了款式造型的视觉效果。

在服装正面，部位分割后的款式造型与点的构成造成装饰效果。

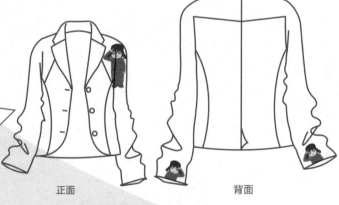

正面

背面

点与直线分割的构成款式

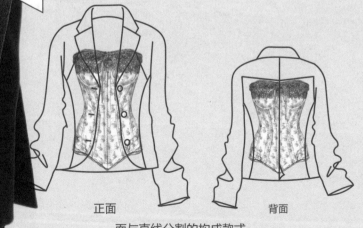

正面

背面

面与直线分割的构成款式

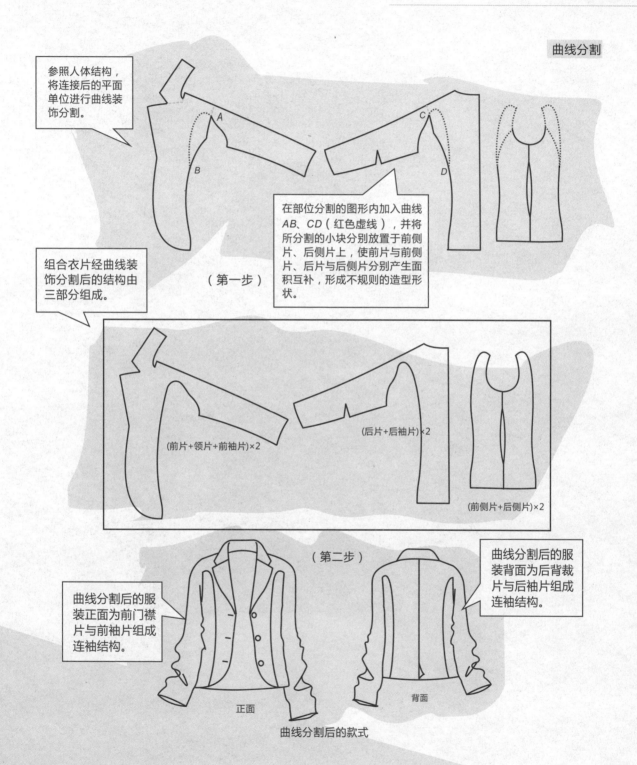

曲线分割

参照人体结构，将连接后的平面单位进行曲线装饰分割。

在部位分割的图形内加入曲线AB、CD（红色虚线），并将所分割的小块分别放置于前侧片、后侧片上，使前片与前侧片、后片与后侧片分别产生面积互补，形成不规则的造型形状。

组合衣片经曲线装饰分割后的结构由三部分组成。

（第一步）

（前片+领片+前袖片）×2

（后片+后袖片）×2

（前侧片+后侧片）×2

（第二步）

曲线分割后的服装背面为后背裁片与后袖片组成连袖结构。

曲线分割后的服装正面为前门襟片与前袖片组成连袖结构。

正面

背面

曲线分割后的款式

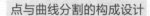

点与曲线分割的构成设计

部位分割后的款式造型与点的构成造成装饰效果。

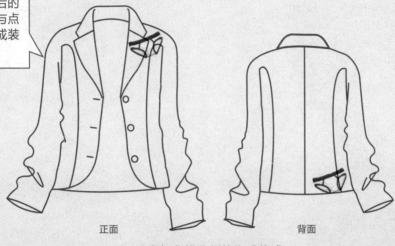

正面　　　　　　　背面

点与曲线分割的构成款式

面与曲线分割的构成设计

在分割后的部位层次内做点线面的构成设计，增强款式美感。

正面　　　　　　　背面

面与曲线分割的构成款式

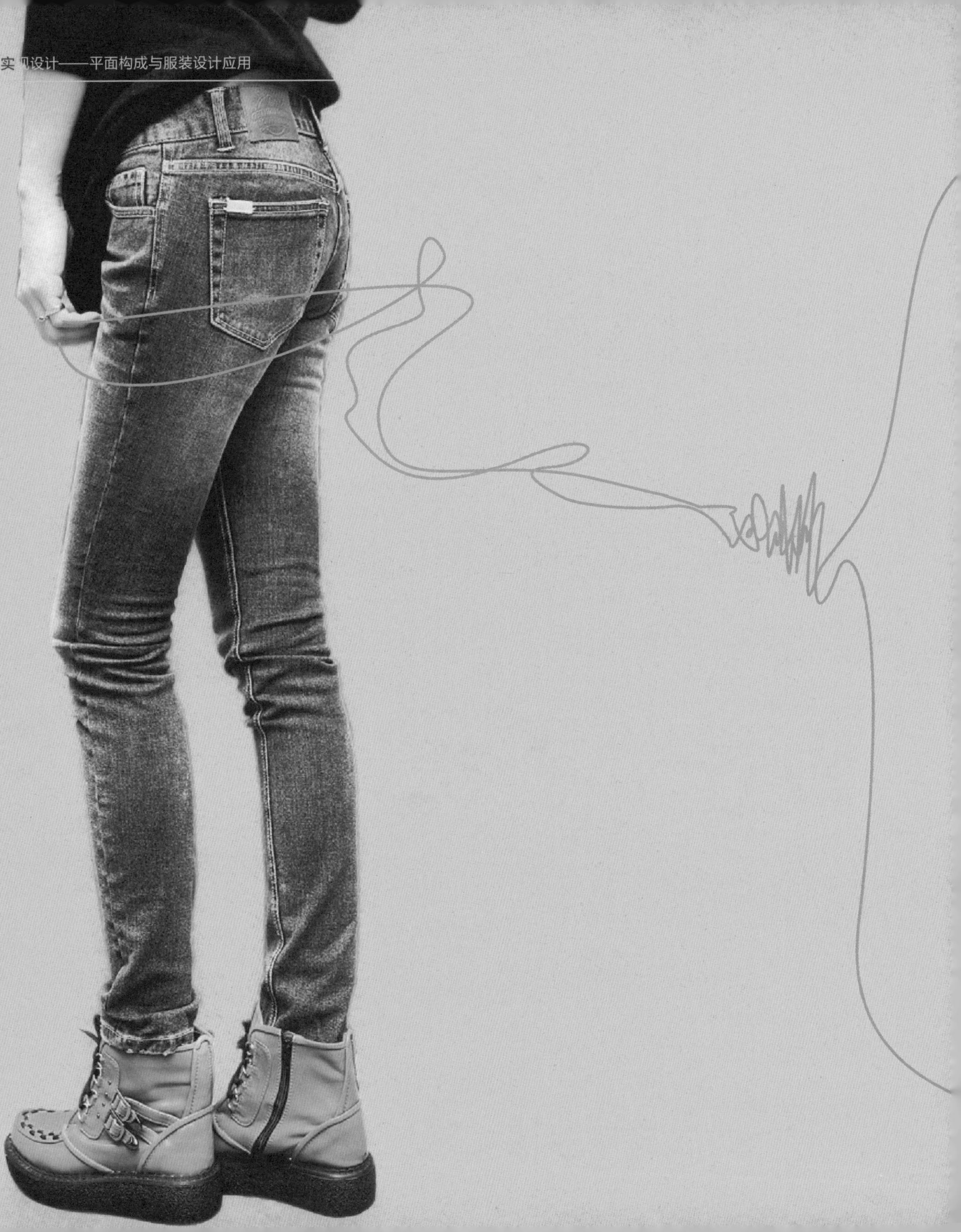

3.1.10 长裤

款式图

背面　正面

部位分割

根据人体前后部位，将款式结构进行平面展开。

前片×2　　后片×2

直线分割

参照人体结构，将连接后的平面单位进行直线装饰分割。

在部位分割的图形内加入直线AB（红色虚线），将组合后的前后片部位面积分割开，形成不规则的造型形状。

采取在侧缝拼合的方式，使前后片在一侧连在一起，在部位面积不变的情况下，形成一种新的部位形状。

A

B

（第一步）

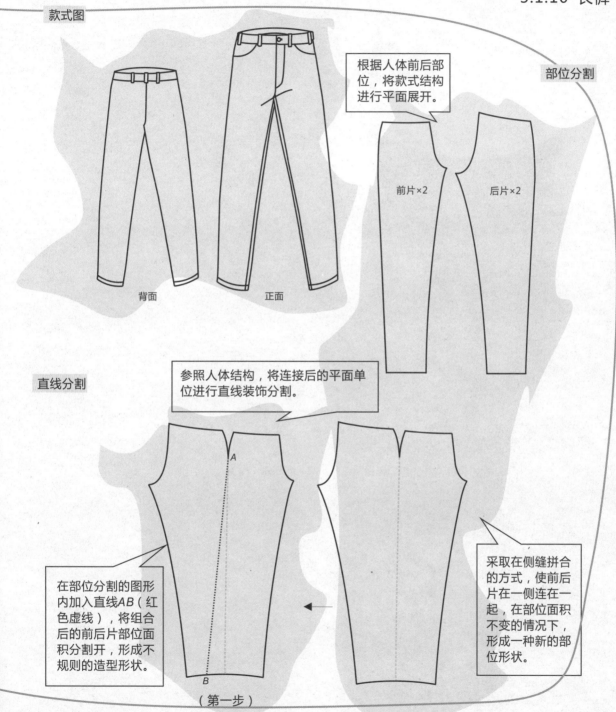

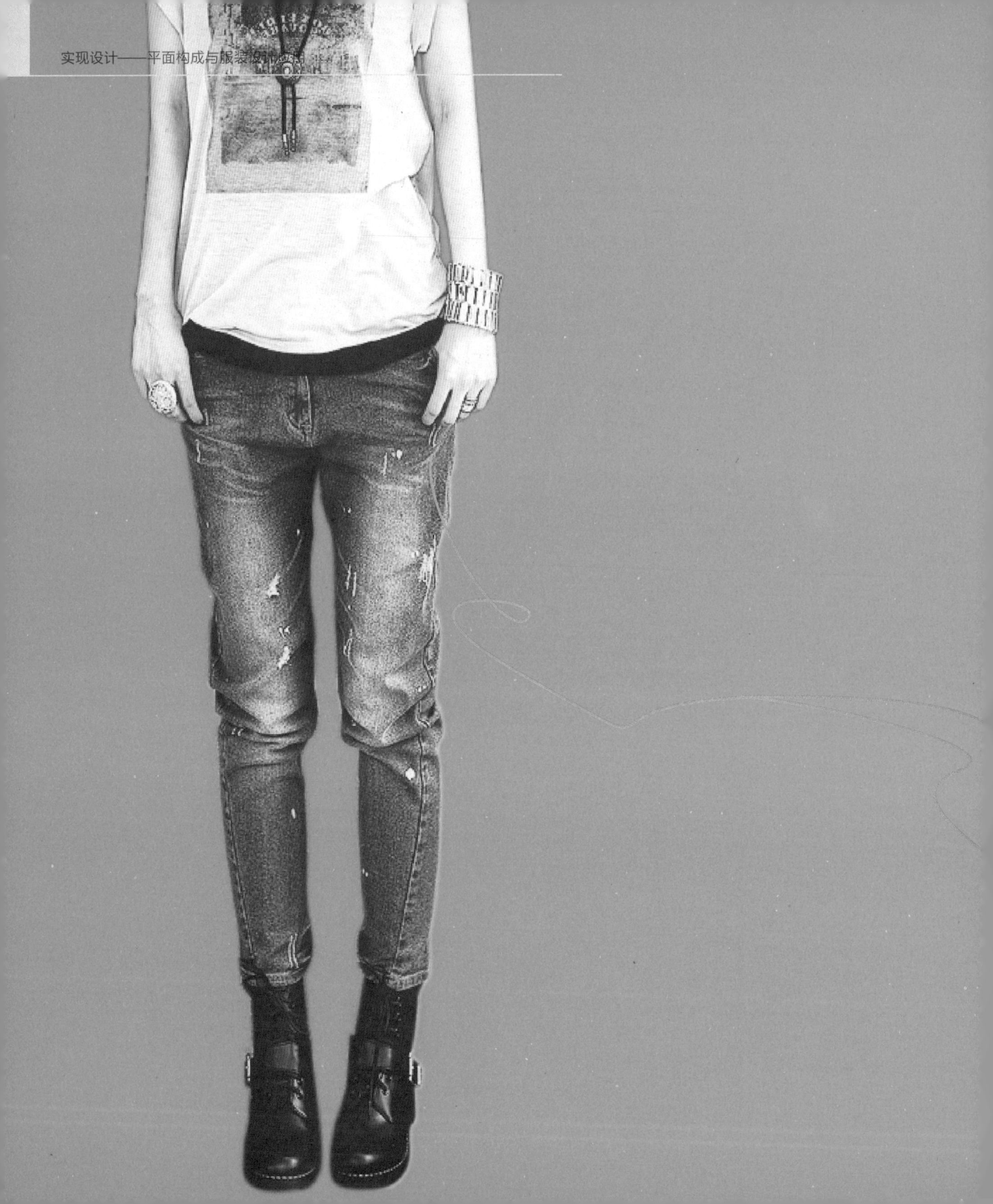

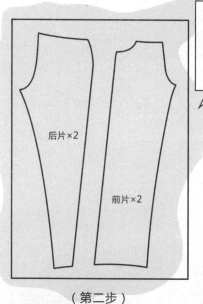

衣片经直线装饰分割后的结构由两个部分组成。

后片×2

前片×2

（第二步）
点与直线分割的构成设计

直线分割

直线分割后，侧缝线向后斜向移动。

正面　　　　背面

直线分割后的款式

部位分割后的款式造型与点的构成造成装饰效果。

正面

背面

点与直线分割的构成款式

面与直线分割的构成设计

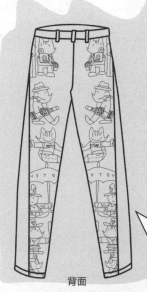

背面

正面

将分割后的部位做重复线构成面的对比设计，增强款式的层次感。

面与直线分解的构成款式

曲线分割

A

B

在部位分割的图形内加入曲线AB（红色虚线），将组合后的前后片部位面积分割开，形成不规则的造型形状。

参照人体结构，将连接后的平面单位进行曲线装饰分割。

（第一步）

（前上片+后小片）×2

（前下片+后片）×2

（第二步）

曲线分割后的服装正面由纵向两个部分组成。

根据人体前后部位部位，将款式结构进行平面展开。

正面　　　　背面

曲线分割后的款式

曲线分割后的前面局部面积向后片转移。

点与曲线分割的构成设计

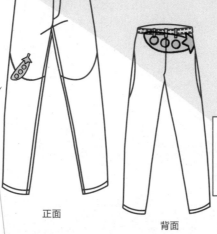

部位分割后的款式造型与点的构成造成装饰效果。

部位分割后的款式造型与点的构成造成装饰效果。

正面　　　　　背面

点与曲线分割的构成款式

面与曲线分割的构成设计

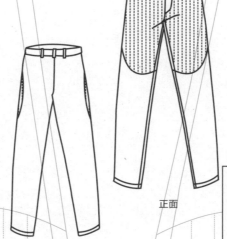

在分割后的部位做重复线构成的面对比设计，增强款式的视觉效果。

背面　　　　　正面

面与曲线分割的构成款式

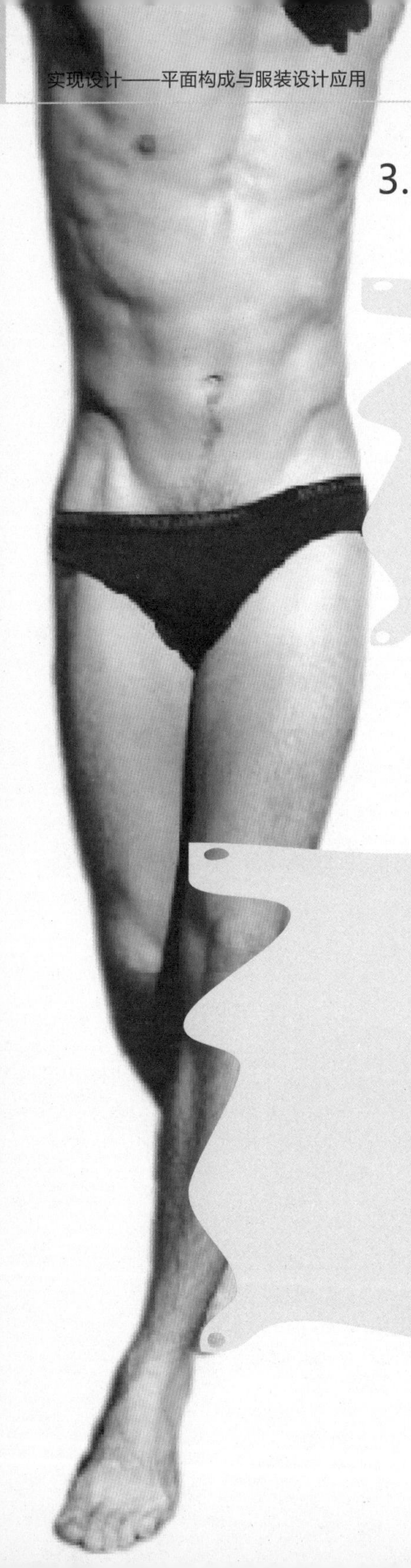

3.2 男式基本款设计解析

3.2.1 内衣

三角裤

款式图

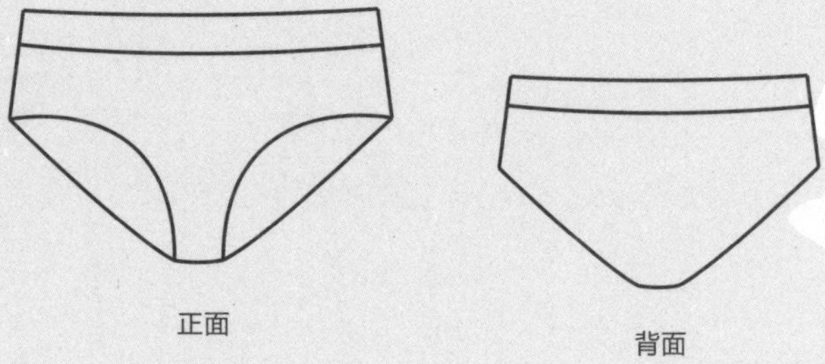

正面

背面

部位分割

根据人体前后部位对款式进行平面展开。

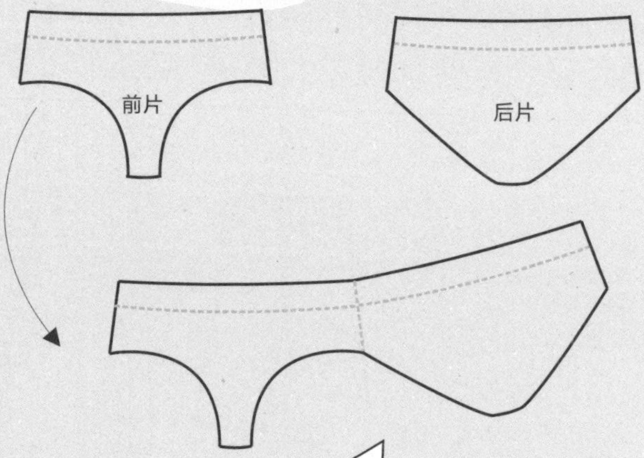

前片

后片

采取在侧片拼合的方式，使前后片的一侧连在一起，在部位面积不变的情况下，形成一种新的部位形状（前片+后片）。

直线分割

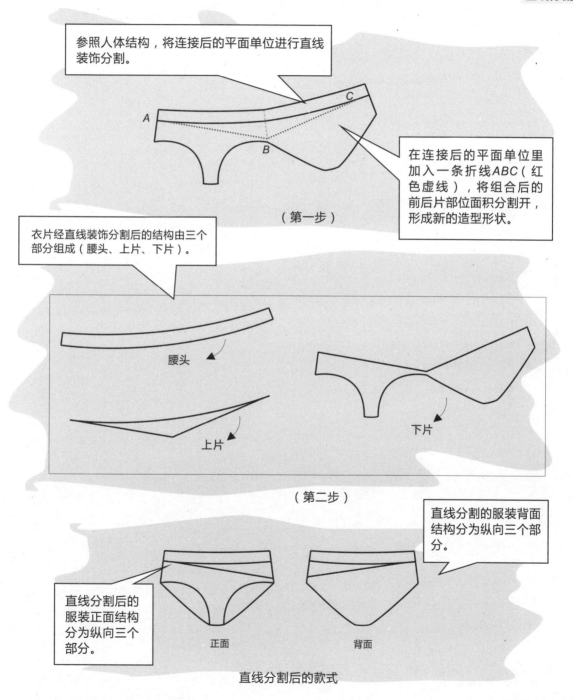

参照人体结构，将连接后的平面单位进行直线装饰分割。

在连接后的平面单位里加入一条折线ABC（红色虚线），将组合后的前后片部位面积分割开，形成新的造型形状。

（第一步）

衣片经直线装饰分割后的结构由三个部分组成（腰头、上片、下片）。

腰头

上片

下片

（第二步）

直线分割的服装背面结构分为纵向三个部分。

直线分割后的服装正面结构分为纵向三个部分。

正面

背面

直线分割后的款式

点与直线分割的构成设计

在直线分割面积中做点的特异构成，增加了款式的视觉美感。

正面

背面

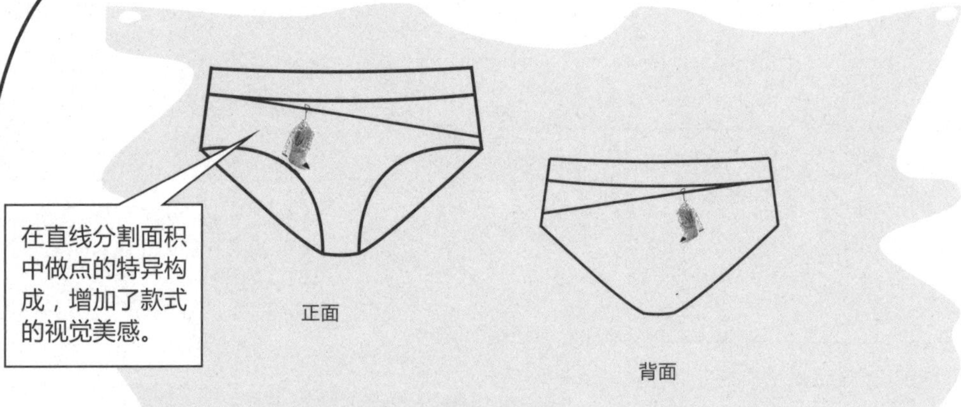

点与直线分割的构成款式

面与直线分割的构成设计

在直线分割面积中做色彩与面的对比构成，增加了款式的层次感。

正面

背面

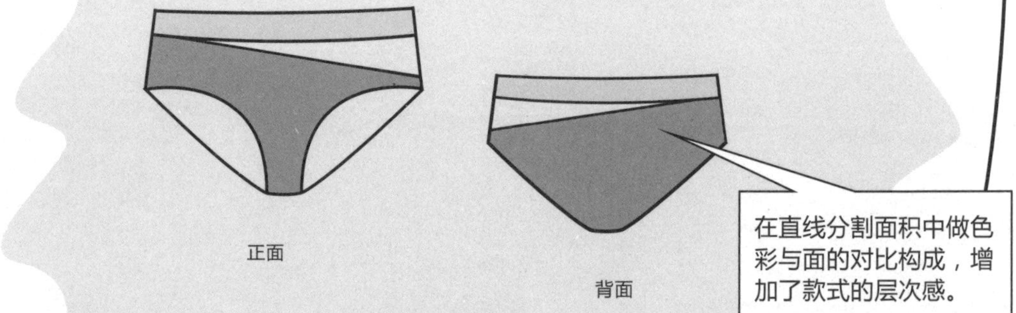

面与直线分割的构成款式

曲线分割

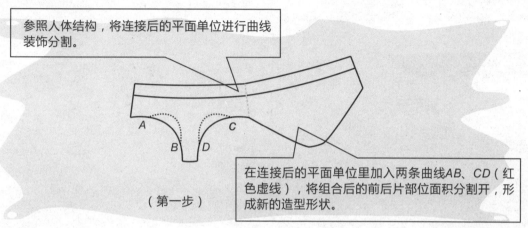

参照人体结构，将连接后的平面单位进行曲线装饰分割。

在连接后的平面单位里加入两条曲线AB、CD（红色虚线），将组合后的前后片部位面积分割开，形成新的造型形状。

（第一步）

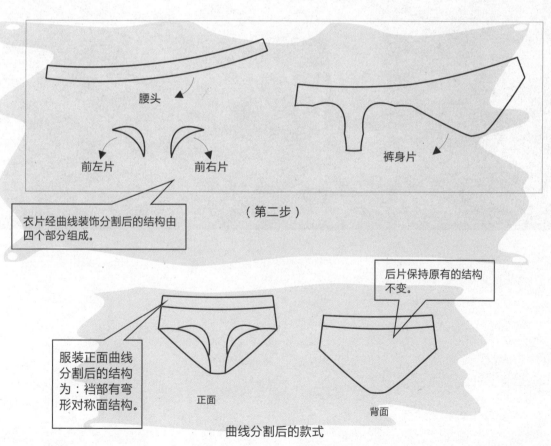

腰头

前左片

前右片

裤身片

衣片经曲线装饰分割后的结构由四个部分组成。

（第二步）

后片保持原有的结构不变。

服装正面曲线分割后的结构为：裆部有弯形对称面结构。

正面

背面

曲线分割后的款式

点与曲线分割的构成设计

在曲线分割的面积中做点的特异构成，增加了款式的视觉美感。

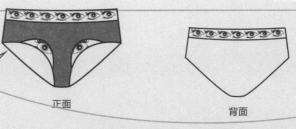

后片保持原有的结构不变。

点与曲线分割的构成款式

面与曲线分割的构成设计

在曲线分割部位做色彩与面的对比构成，增加了款式的层次感。

面与曲线分割的构成款式

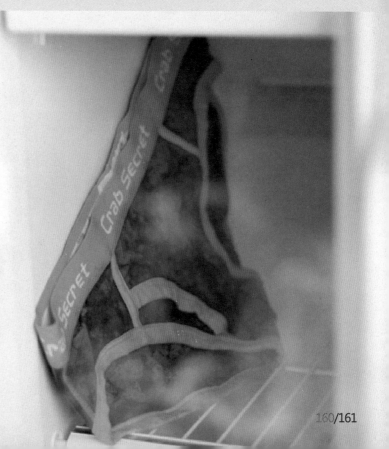

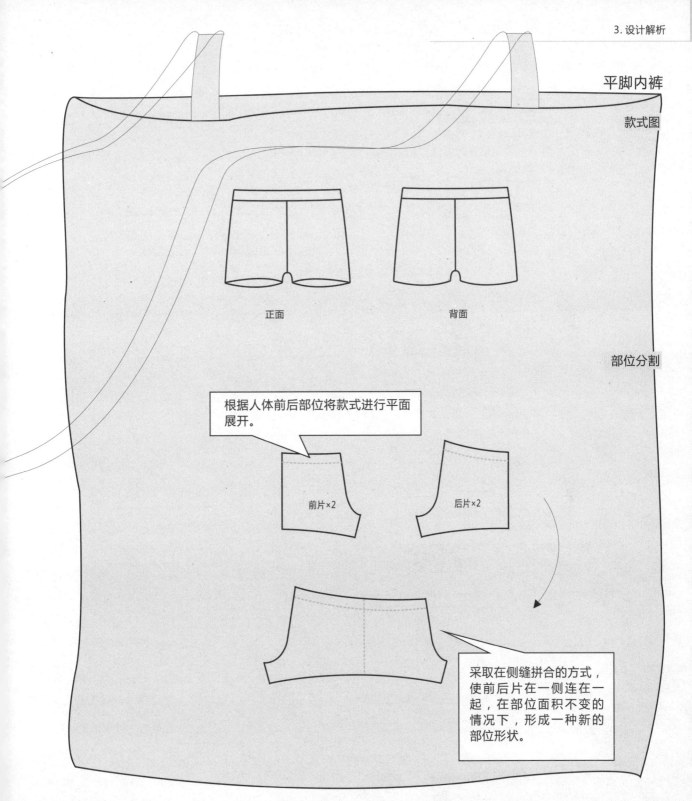

平脚内裤

款式图

正面　　　　　　　　背面

部位分割

根据人体前后部位将款式进行平面展开。

前片×2　　　　　后片×2

采取在侧缝拼合的方式，使前后片在一侧连在一起，在部位面积不变的情况下，形成一种新的部位形状。

直线分割

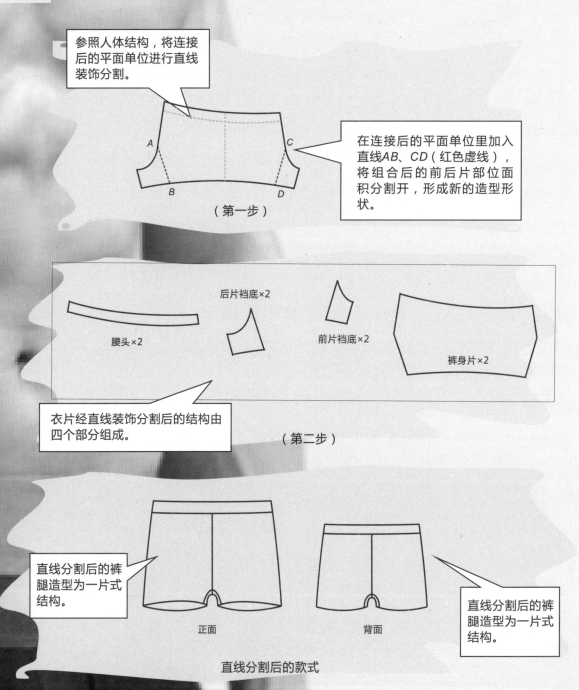

参照人体结构，将连接后的平面单位进行直线装饰分割。

在连接后的平面单位里加入直线AB、CD（红色虚线），将组合后的前后片部位面积分割开，形成新的造型形状。

（第一步）

腰头×2

后片裆底×2

前片裆底×2

裤身片×2

衣片经直线装饰分割后的结构由四个部分组成。

（第二步）

直线分割后的裤腿造型为一片式结构。

直线分割后的裤腿造型为一片式结构。

正面

背面

直线分割后的款式

点与直线分割的构成设计

在直线分割部位做点的特异构成，增加了款式的视觉美感。

正面

背面

点与直线分割的构成款式

面与直线分割的构成设计

在直线分割部位做色点重复，成为"面"的对比构成，强调款式的层次美感。

正面

背面

面与直线分割的构成款式

曲线分割

参照人体结构，将连接后的平面单位进行曲线装饰分割。

在连接后的平面单位里加入一条曲线AB（红色虚线），将组合后的前后片区域面积分割，形成新的造型形状。

（第一步）

腰头×2

裤身片（前片+后片）×2

裤身前片×2

衣片经曲线装饰分割后的结构由三个部分组成。

（第二步）

服装背面曲线分割后的款式效果为一片结构式。

服装正面曲线分割后的款式效果图结构为具有前裆弯造型。

正面

背面

曲线分割后的款式效果图

点与曲线分割的构成设计

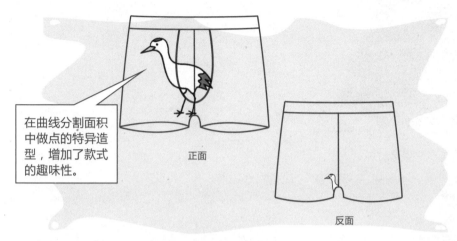

在曲线分割面积中做点的特异造型，增加了款式的趣味性。

正面

反面

点与曲线分割的构成款式

面与曲线分解的构成设计

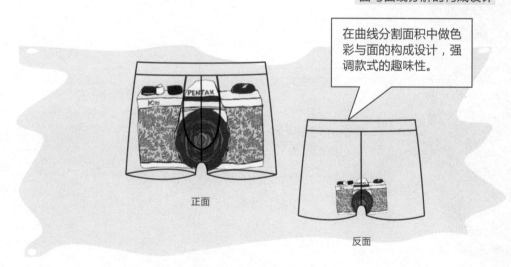

在曲线分割面积中做色彩与面的构成设计，强调款式的趣味性。

正面

反面

面与曲线分割的构成款式

3.2.2 T恤

款式图

部位分割

根据人体前后部位将款式进行平面展开。

将前片与后片的左肩线相接，使其在一个平面单位里。

直线分割

正面　背面　侧面

前片　后片

袖片×2

在连接后的平面单位里加入一条折线（红色虚线），将组合后的前后片区域面积分割开，形成新的造型形状。

衣片经直线装饰分割后的结构由两个部分组成。

参照人体结构，将连接后的平面单位进行直线装饰分割。

右前片+左后片

左前片+右后片

（第一步）　（第二步）

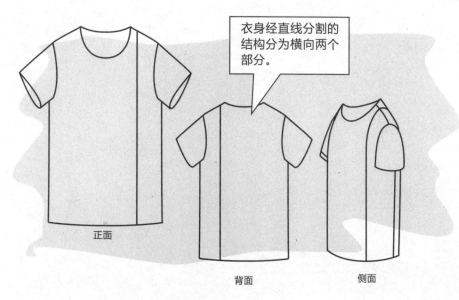

衣身经直线分割的结构分为横向两个部分。

正面　　背面　　侧面

直线分割后的款式

点与直线分割的构成设计

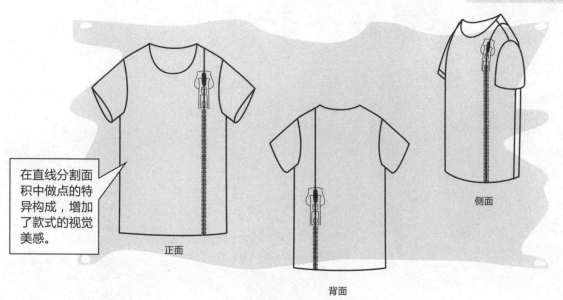

在直线分割面积中做点的特异构成，增加了款式的视觉美感。

正面　　背面　　侧面

点与直线分割的构成款式

面与直线分割的构成设计

正面　　　　　　　　背面　　　　　　　　侧面

面与直线分割的构成款式

在直线分割部位里做色彩与面的对比构成设计，增加了款式的层次感。

曲线分割

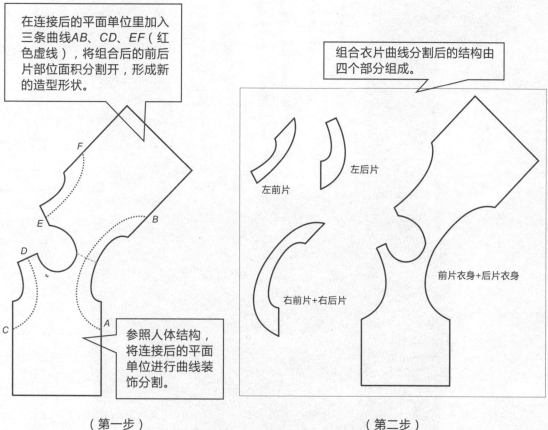

在连接后的平面单位里加入三条曲线AB、CD、EF（红色虚线），将组合后的前后片部位面积分割开，形成新的造型形状。

组合衣片曲线分割后的结构由四个部分组成。

参照人体结构，将连接后的平面单位进行曲线装饰分割。

左前片　左后片

右前片+右后片

前片衣身+后片衣身

（第一步）　　　　　　　　（第二步）

曲线分割后的衣身分为横向的左、中、右三个部分。

正面　　　　背面　　　　侧面

曲线分割后的款式

点与曲线分割的构成设计

在曲线分割面积中做点的特异构成，增加了款式的视觉趣味性。

正面　　　　背面　　　　侧面

曲线分割点与线的构成款式

面与曲线分割的构成设计

采用色彩与面的对比，增强了款式整体的层次感。

正面　　　　背面　　　　侧面

面与曲线分割的构成款式

3.2.3 背心

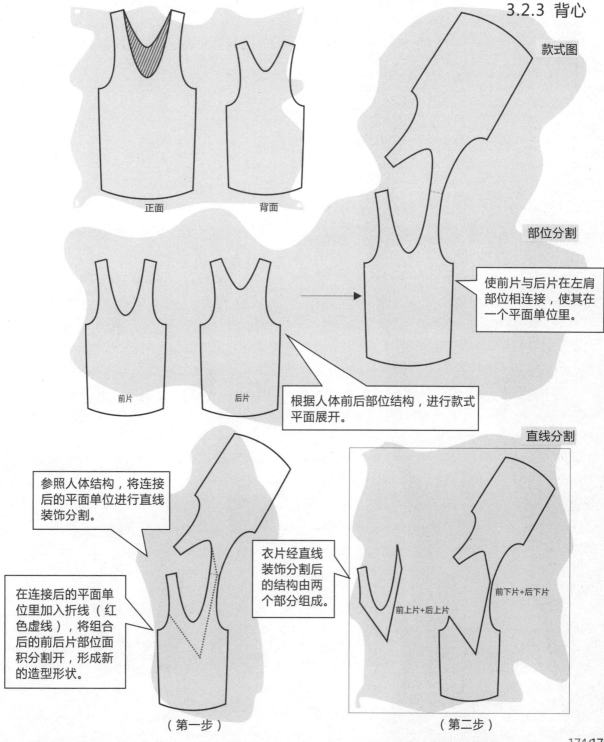

款式图

正面　　　　　　　背面

部位分割

使前片与后片在左肩部位相连接，使其在一个平面单位里。

前片　　　　　　　后片

根据人体前后部位结构，进行款式平面展开。

直线分割

参照人体结构，将连接后的平面单位进行直线装饰分割。

衣片经直线装饰分割后的结构由两个部分组成。

在连接后的平面单位里加入折线（红色虚线），将组合后的前后片部位面积分割开，形成新的造型形状。

前上片+后上片　　　前下片+后下片

（第一步）　　　　　　　　（第二步）

服装正面经直线分割后的结构分为纵向上下两个部分。

服装背面直线分割后的肩部为不对称设计。

正面

背面

直线分割后的款式

点与直线分割的构成设计

在直线分割的面积中做点的特异构成，增加了款式的视觉美感。

正面

背面

点与直线分割的构成款式

面与直线分割的构成设计

背面

正面

在直线分割部位里做色彩与面的对比构成设计，增加了款式的层次感。

面与直线分割的构成款式

曲线分割

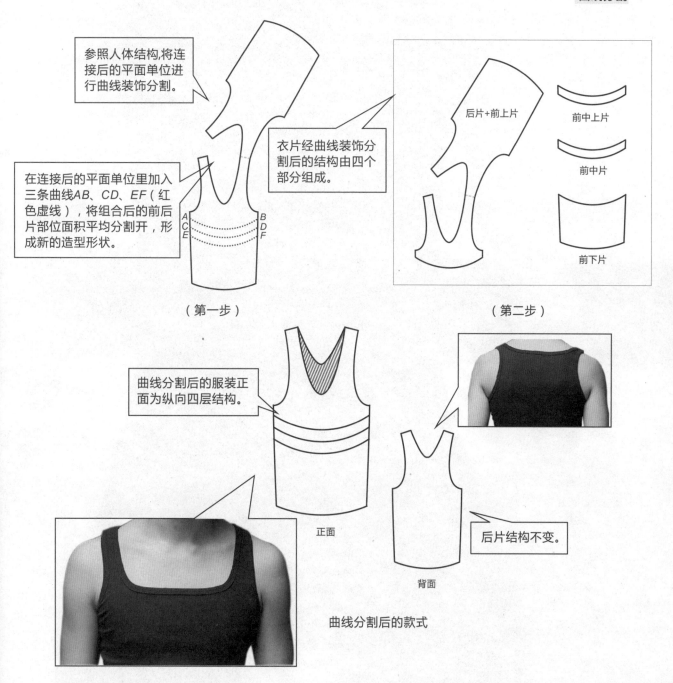

参照人体结构,将连接后的平面单位进行曲线装饰分割。

衣片经曲线装饰分割后的结构由四个部分组成。

在连接后的平面单位里加入三条曲线AB、CD、EF（红色虚线），将组合后的前后片部位面积平均分割开，形成新的造型形状。

A
C
E

B
D
F

（第一步）

后片+前上片

前中上片

前中片

前下片

（第二步）

曲线分割后的服装正面为纵向四层结构。

后片结构不变。

正面

背面

曲线分割后的款式

点与曲线分割的构成设计

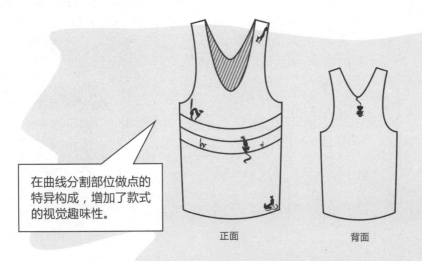

在曲线分割部位做点的特异构成，增加了款式的视觉趣味性。

正面　　　　背面

点与曲线分割的构成款式

面与曲线分割的构成设计

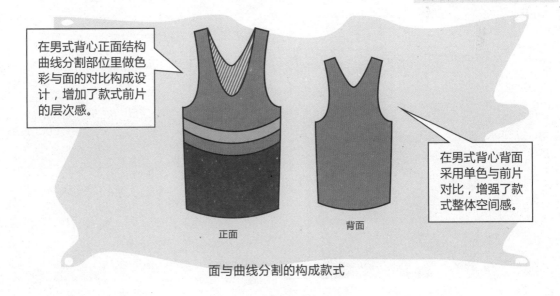

在男式背心正面结构曲线分割部位里做色彩与面的对比构成设计，增加了款式前片的层次感。

在男式背心背面采用单色与前片对比，增强了款式整体空间感。

正面　　　　背面

面与曲线分割的构成款式

3.2.4 衬衫

款式图

正面

背面

部位分割

后上片

后下片

领片

底领

前片×2

袖片×2

根据人体前后部位，将款式结构进行平面展开。

将前片与后片相连接，使其在一个平面单位里。

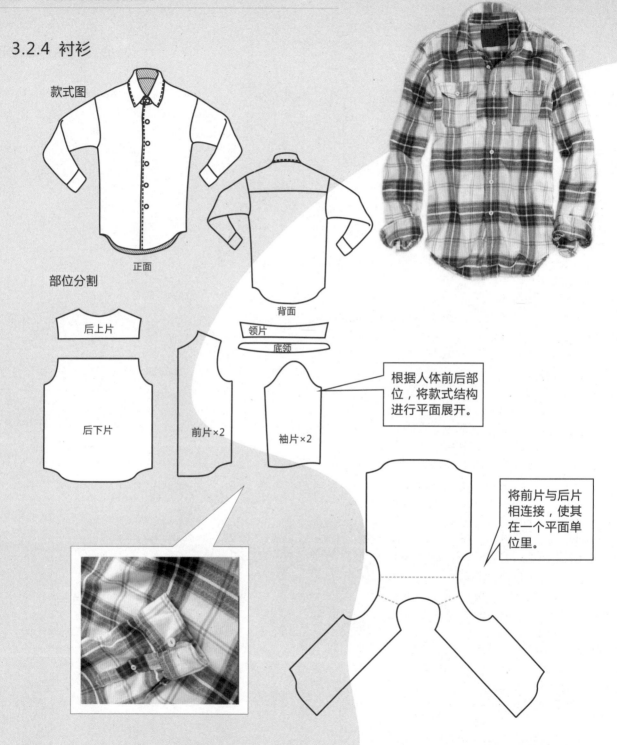

直线分割

在连接后的平面单位里加入折线（红色虚线），将组合后的前后片部位面积分割开，形成新的造型形状。

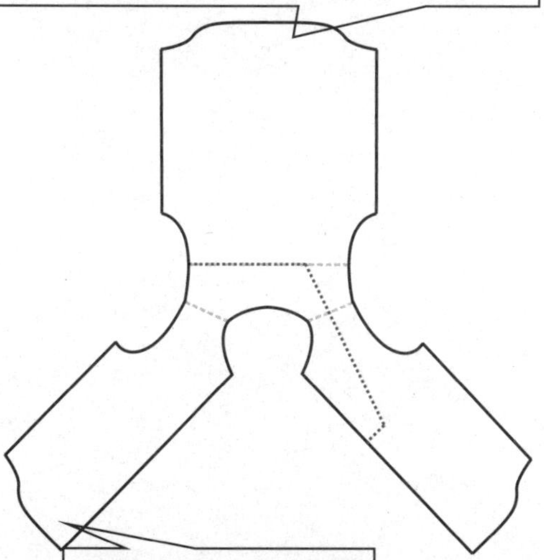

组合衣片经直线装饰分割后的结构由两个部分组成。

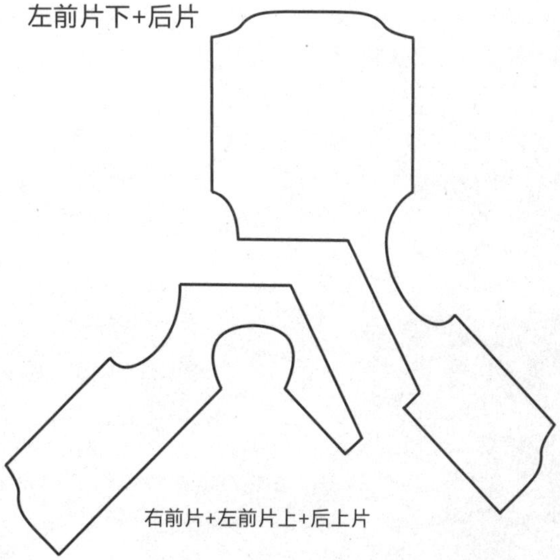

左前片下+后片

参照人体结构，将连接后的平面单位进行直线装饰分割。

（第一步）

右前片+左前片上+后上片

（第二步）

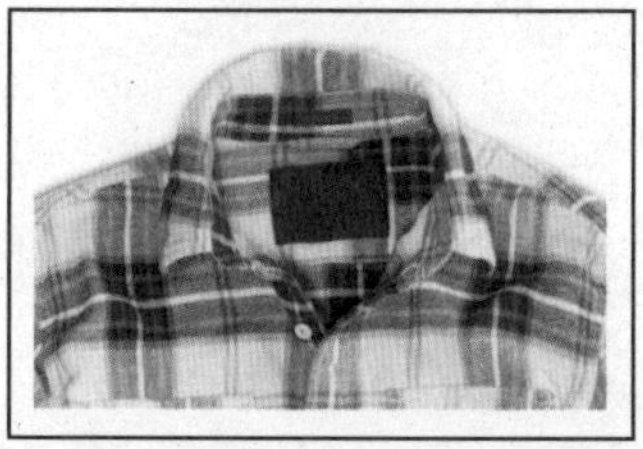

服装背面经直线分割后的结构为：肩部不对称设计。

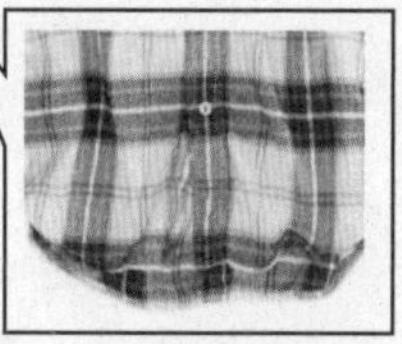

服装正面经直线分割后的结构为：左前片斜向不对称设计。

正面

直线分割后的款式

背面

点与直线分割的构成设计

在直线分割部位做点的特异构成，丰富了款式的趣味性。

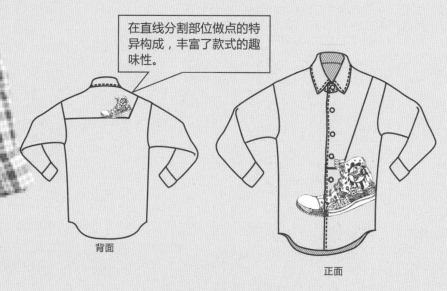

背面

正面

点与直线分割的构成款式

面与直线分割的构成设计

在直线分割部位里做色彩与面的对比构成设计，增加了款式的美感。

正面

背面

面与直线分割的构成款式

曲线分割

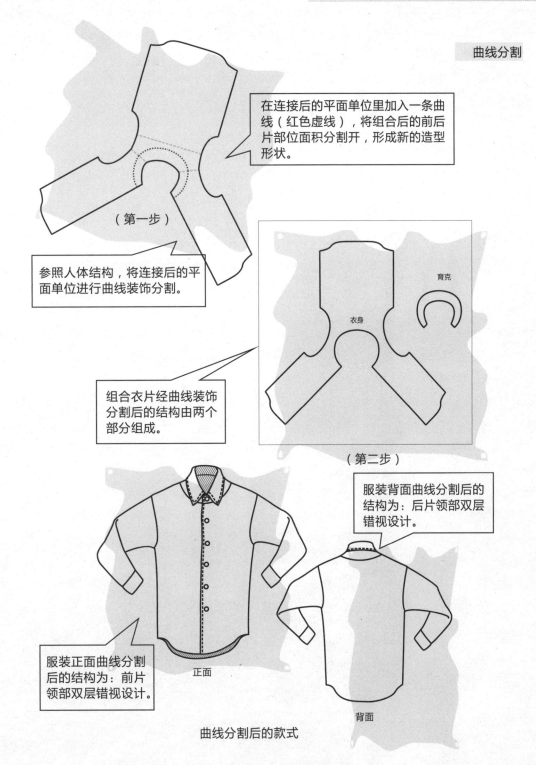

在连接后的平面单位里加入一条曲线（红色虚线），将组合后的前后片部位面积分割开，形成新的造型形状。

（第一步）

参照人体结构，将连接后的平面单位进行曲线装饰分割。

育克

衣身

组合衣片经曲线装饰分割后的结构由两个部分组成。

（第二步）

服装背面曲线分割后的结构为：后片领部双层错视设计。

服装正面曲线分割后的结构为：前片领部双层错视设计。

正面

背面

曲线分割后的款式

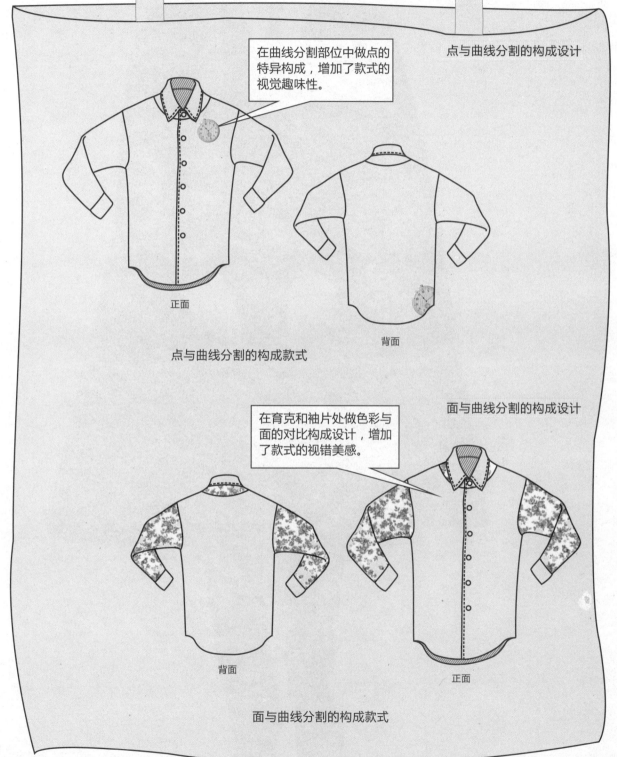

在曲线分割部位中做点的特异构成，增加了款式的视觉趣味性。

点与曲线分割的构成设计

正面

背面

点与曲线分割的构成款式

在育克和袖片处做色彩与面的对比构成设计，增加了款式的视错美感。

面与曲线分割的构成设计

背面

正面

面与曲线分割的构成款式

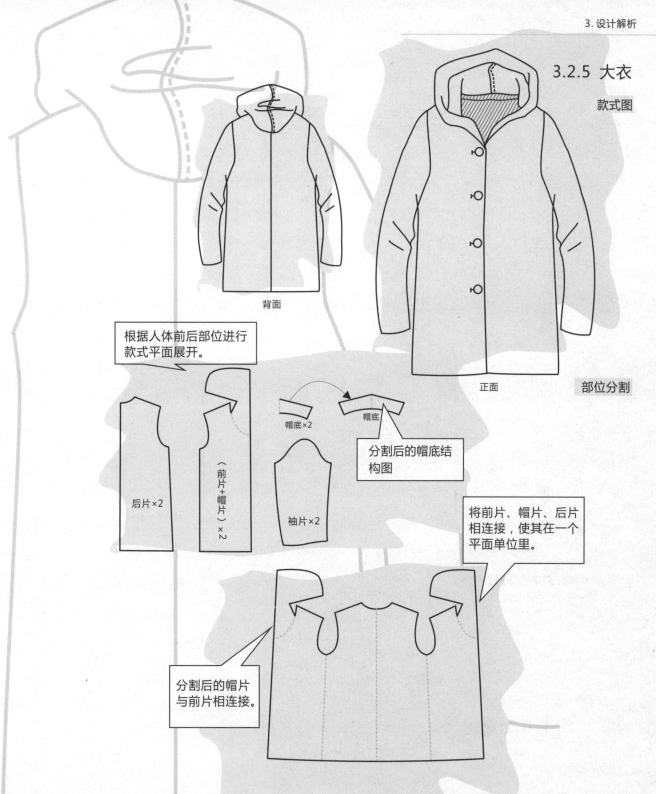

3.2.5 大衣

款式图

背面

正面

部位分割

根据人体前后部位进行款式平面展开。

帽底×2

帽底

分割后的帽底结构图

后片×2

（前片+帽片）×2

袖片×2

将前片、帽片、后片相连接，使其在一个平面单位里。

分割后的帽片与前片相连接。

直线分割

参照人体结构，将连接后的平面单位进行直线装饰分割。

在连接后的平面单位里加入直线AB、CD、EF（红色虚线），将组合后的前后片部位面积分割开，形成新的造型形状。

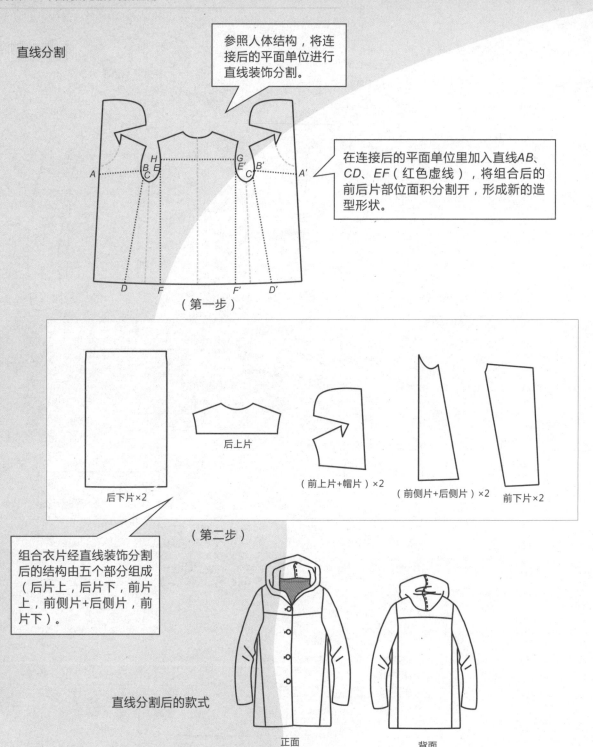

（第一步）

后下片×2

后上片

（前上片+帽片）×2

（前侧片+后侧片）×2

前下片×2

（第二步）

组合衣片经直线装饰分割后的结构由五个部分组成（后片上，后片下，前片上，前侧片+后侧片，前片下）。

直线分割后的款式

正面

背面

点与直线分割的构成设计

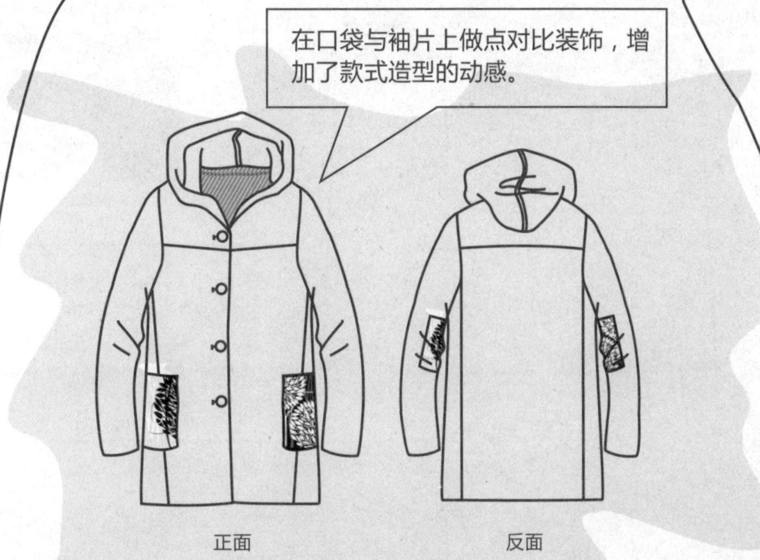

在口袋与袖片上做点对比装饰，增加了款式造型的动感。

正面　　　　　　　反面

点与直线分割的构成款式

面与直线分解的构成设计

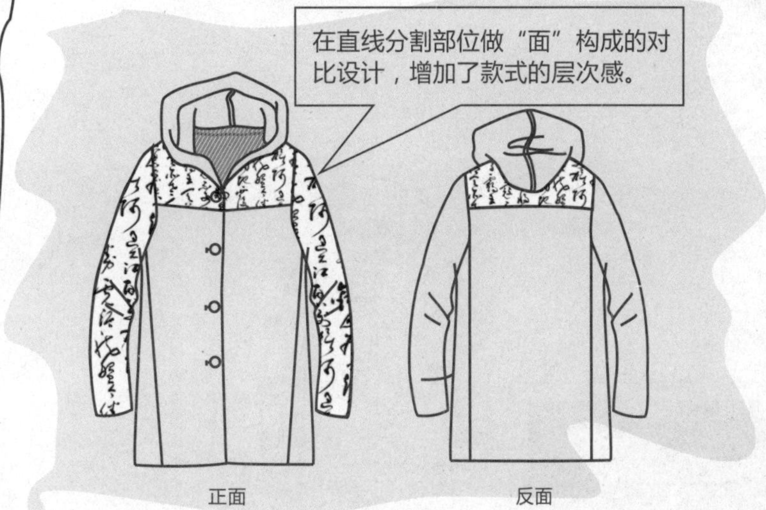

在直线分割部位做"面"构成的对比设计，增加了款式的层次感。

正面　　　　　　　反面

面与直线分割的构成款式

曲线分割

参照人体结构，将连接后的平面单位进行曲线装饰分割。

在连接后的平面单位里加入曲线*AB*、*CD*、*EF*（红色虚线），将组合衣片部位面积平均分割开，形成新的造型形状。

（第一步）

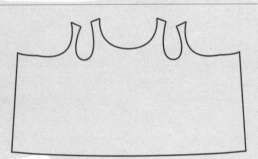

后上片

衣身×1

（前上片+帽片）×2

组合衣片经曲线装饰分割后的结构由三个部分组成（衣身、后上片、前上片+帽片）。

（第二步）

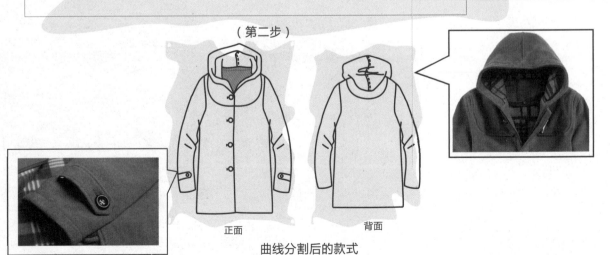

正面

背面

曲线分割后的款式

点与曲线分割的构成设计

在曲线分割部位做点的特异构成，增加了款式的视觉趣味性。

正面

背面

点与曲线分割的构成款式

面与曲线分割的构成设计

在曲线分割部位里做色彩与面的对比构成设计，增加了款式的美感。

正面

背面

面与曲线分割的构成款式

3.2.6 开襟针织衫

款式图

正面

背面

部位分割

前片×2   后片×2   袖片×2

根据人体前后部位部位进行平面展开。

将前片部分与后片部分相连接，使其在一个平面单位里。

直线分割

参照人体结构，将连接后的平面单位进行直线装饰分割。

在连接后的平面单位里加入折线（红色虚线），将组合后的前后片部位面积分割开，形成新的造型形状。

（第一步）

衣片经直线装饰分割后的结构由两个部分组成。

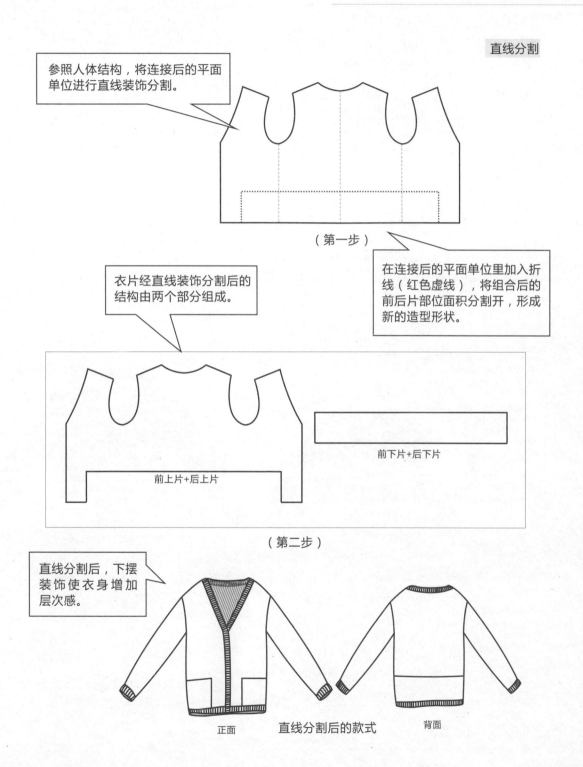

前上片+后上片

前下片+后下片

（第二步）

直线分割后，下摆装饰使衣身增加层次感。

正面　　直线分割后的款式　　背面

点与直线分割的构成设计

在直线分割部位中做点的构成装饰，增加了款式设计感。

正面

点与直线分割的构成款式　　　背面

面与直线分割的构成设计

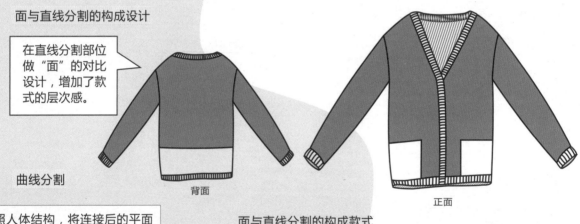

在直线分割部位做"面"的对比设计，增加了款式的层次感。

背面

正面

面与直线分割的构成款式

曲线分割

参照人体结构，将连接后的平面单位进行曲线装饰分割。

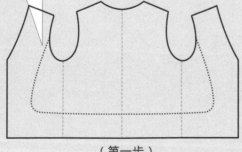

在连接后的平面单位里加入一条曲线（红色虚线），将组合后的前后片部位面积分割开，形成新的造型形状。

（第一步）

分割后的部位形态包括：前侧片+后上片+前侧片结构。

分割后的部位形态包括：前中片+后下片+前中片结构。

前侧片+后上片+前侧片

前中片+后下片+前中片

（第二步）

组合衣片经曲线装饰分割后的结构由两个部分组成。

曲线分割后的服装正面呈断开装饰，使衣身增加层次感。

正面

曲线分割后的服装背面下摆呈断开装饰，增加了衣身的层次感。

背面

曲线分割后的款式

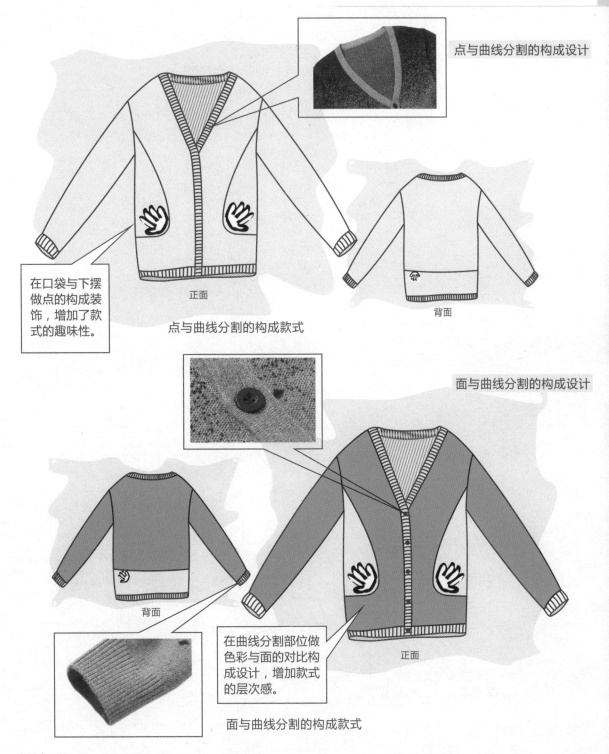

点与曲线分割的构成设计

在口袋与下摆做点的构成装饰，增加了款式的趣味性。

正面

背面

点与曲线分割的构成款式

面与曲线分割的构成设计

背面

在曲线分割部位做色彩与面的对比构成设计，增加款式的层次感。

正面

面与曲线分割的构成款式

3.2.7 运动夹克

款式图

部位分割

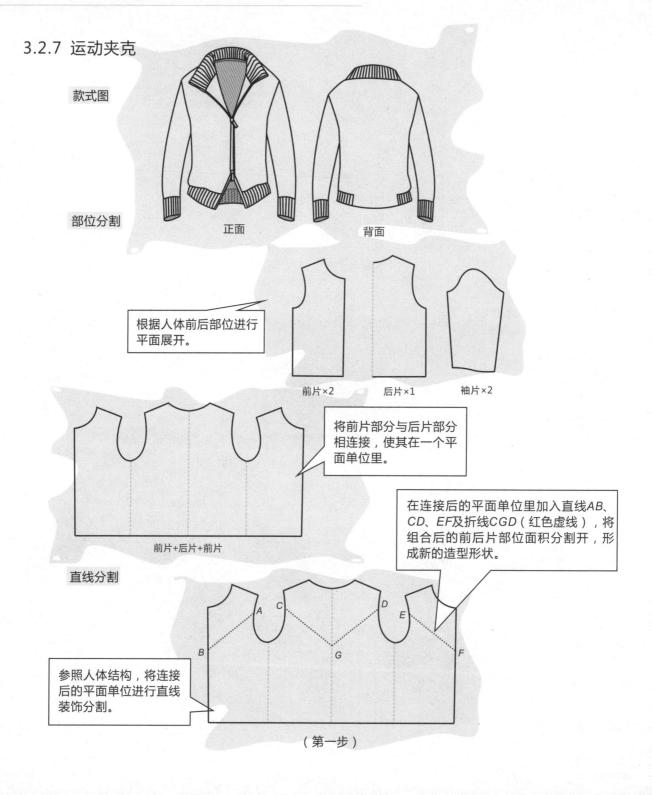

正面　　　　　　背面

根据人体前后部位进行平面展开。

前片×2　　　后片×1　　　袖片×2

将前片部分与后片部分相连接，使其在一个平面单位里。

前片+后片+前片

直线分割

在连接后的平面单位里加入直线AB、CD、EF及折线CGD（红色虚线），将组合后的前后片部位面积分割开，形成新的造型形状。

参照人体结构，将连接后的平面单位进行直线装饰分割。

（第一步）

后上片

前上片×2

前下片+后下片+前下片

（第二步）

组合衣片经直线装饰分割后的结构由三个部分组成。

在服装正面采用点渐变构成装饰，增加了款式的设计感。

正面　　　背面

直线分割后的款式

点与直线分割的构成设计

在服装背面的直线分割部位中做点的构成装饰，增加了款式的设计感。

正面　　　背面

点与直线分割的构成款式

面与直线分割的构成设计

在直线分割部位做重复线构成"面"的设计，增加了款式的整体感。

正面　　　背面

面与直线分割的构成款式

曲线分割

参照人体结构，将连接后的平面单位进行曲线装饰分割。

在连接后的平面单位里加入三条曲线AB、CD、EF（红色虚线），将组合后的前后片部位面积分割开，形成新的造型形状。

组合衣片经曲线装饰分割后的结构由三个部分组成。

下摆的曲线分割设计，强调了衣片结构的特异性。

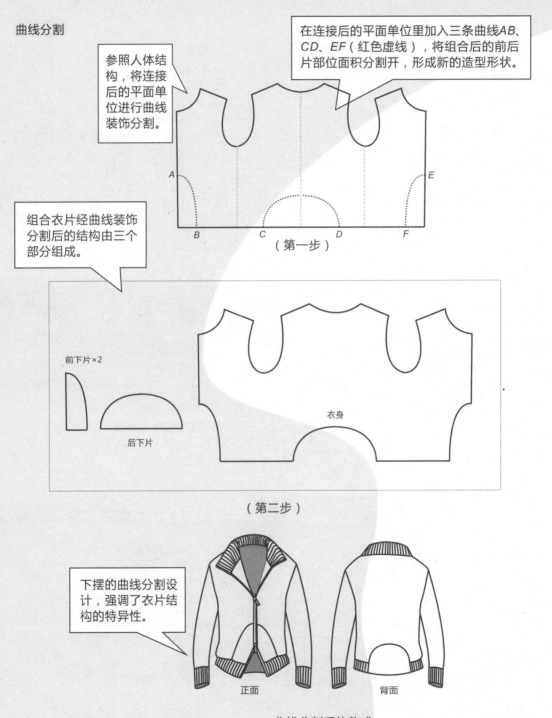

A　　　　　　　　　　　　　　　E

B　　　　C　　　　D　　　　F

（第一步）

前下片×2

后下片

衣身

（第二步）

正面　　　　　　背面

曲线分割后的款式

点与曲线分割的构成设计

服装背面结构曲线与肩部的点构成装饰造型，增加了款式的趣味性效果。

服装正面的结构曲线与拉链头（点）构成装饰造型，增加了款式的趣味性。

正面

背面

点与曲线分割的构成款式

面与曲线分割的构成设计

在曲线分割部位中做面的对比装饰，增加了款式设计感。

背面

正面

面与曲线分割的构成款式

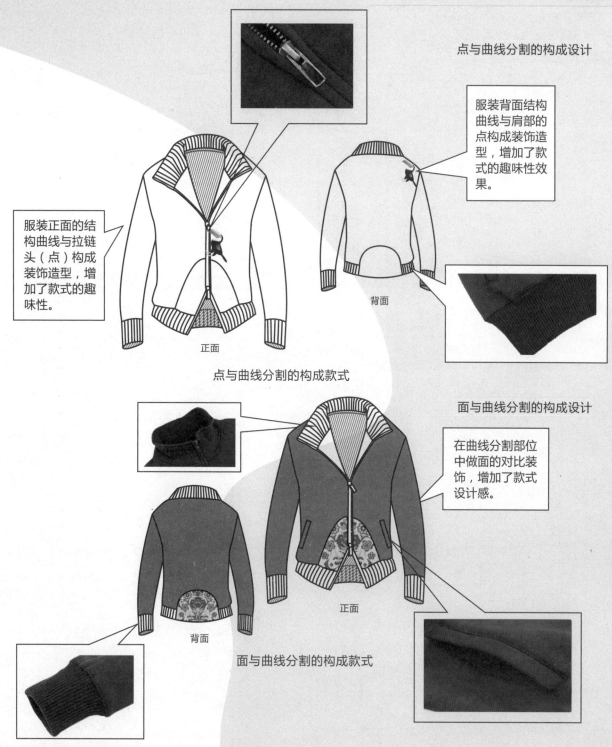

3.2.8 西装上衣

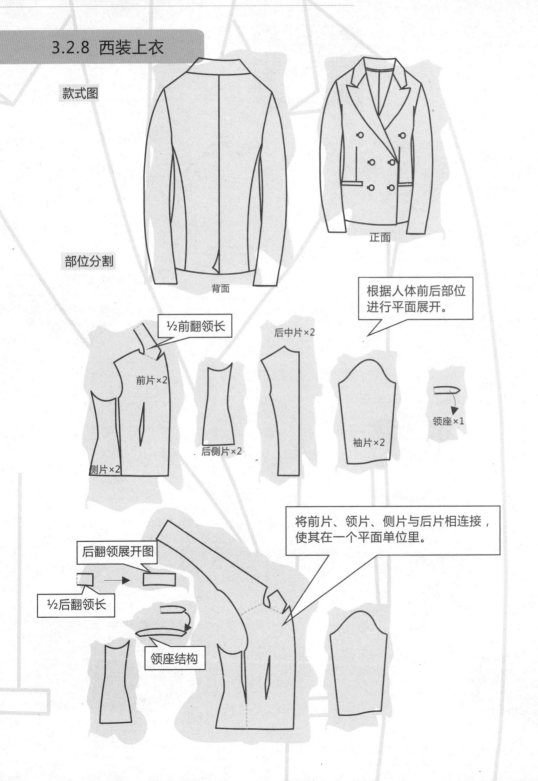

款式图

部位分割

背面

正面

½前翻领长

前片×2

后中片×2

后侧片×2

侧片×2

袖片×2

领座×1

根据人体前后部位进行平面展开。

后翻领展开图

½后翻领长

领座结构

将前片、领片、侧片与后片相连接，使其在一个平面单位里。

直线分割

（第一步）

组合衣片经直线装饰分割后的结构由两个部分组成。

(前中片上+后上片)×2

后下片×2

(前片+侧片+前中片下)×2

（第二步）

在连接后的平面单位里加三条直线*AB*、*CD*、*EF*（红色虚线），将组合后的前后片部位面积分割开，形成新的造型形状。

参照人体结构，将连接后的平面单位进行直线装饰分割。

直线分割后的西装正面款式效果

直线分割后的西装背面款式效果

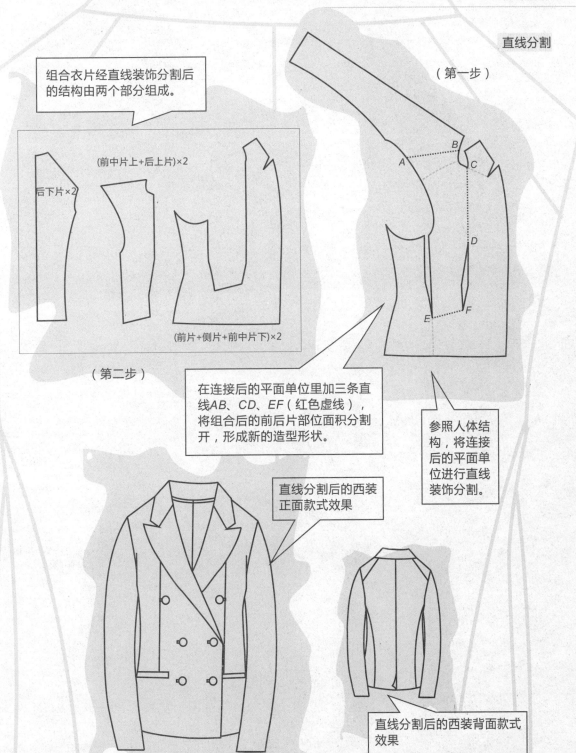

点与直线分割的构成设计

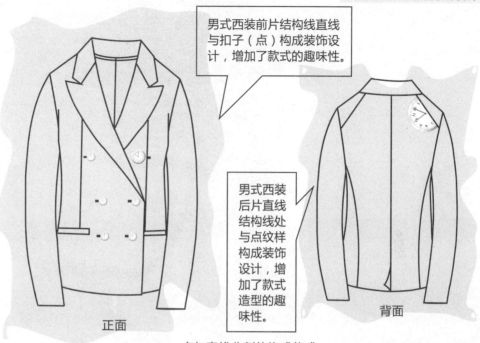

男式西装前片结构线直线与扣子（点）构成装饰设计，增加了款式的趣味性。

男式西装后片直线结构线处与点纹样构成装饰设计，增加了款式造型的趣味性。

正面　　　　　背面

点与直线分割的构成款式

面与直线分割的构成设计

在直线分割部位做"面"的对比装饰设计，增加了款式的趣味性。

正面　　　　　背面

面与直线分割的构成款式

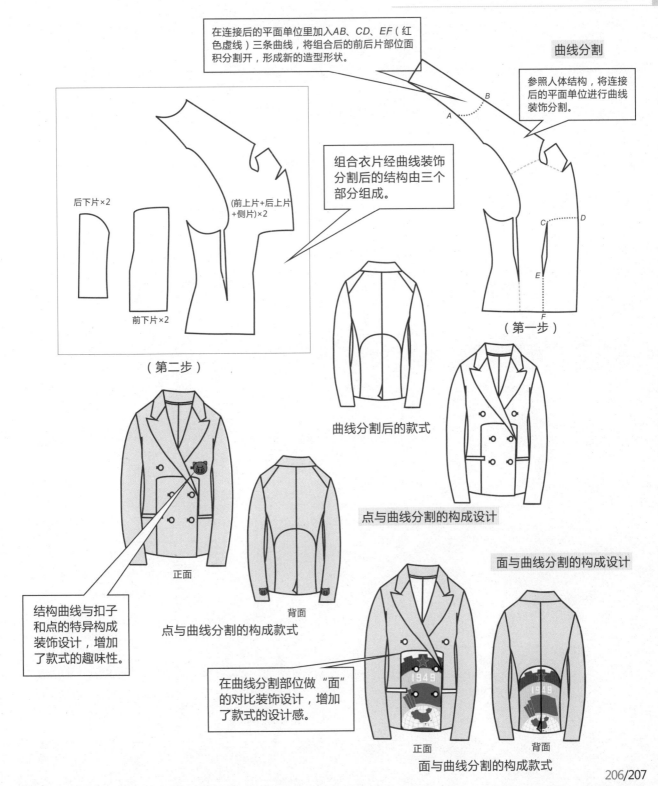

在连接后的平面单位里加入AB、CD、EF（红色虚线）三条曲线，将组合后的前后片部位面积分割开，形成新的造型形状。

曲线分割

参照人体结构，将连接后的平面单位进行曲线装饰分割。

组合衣片经曲线装饰分割后的结构由三个部分组成。

后下片×2

(前上片+后上片+侧片)×2

前下片×2

（第二步）

（第一步）

曲线分割后的款式

点与曲线分割的构成设计

面与曲线分割的构成设计

结构曲线与扣子和点的特异构成装饰设计，增加了款式的趣味性。

正面

背面

点与曲线分割的构成款式

在曲线分割部位做"面"的对比装饰设计，增加了款式的设计感。

正面

背面

面与曲线分割的构成款式

3.2.9 裤子

款式图

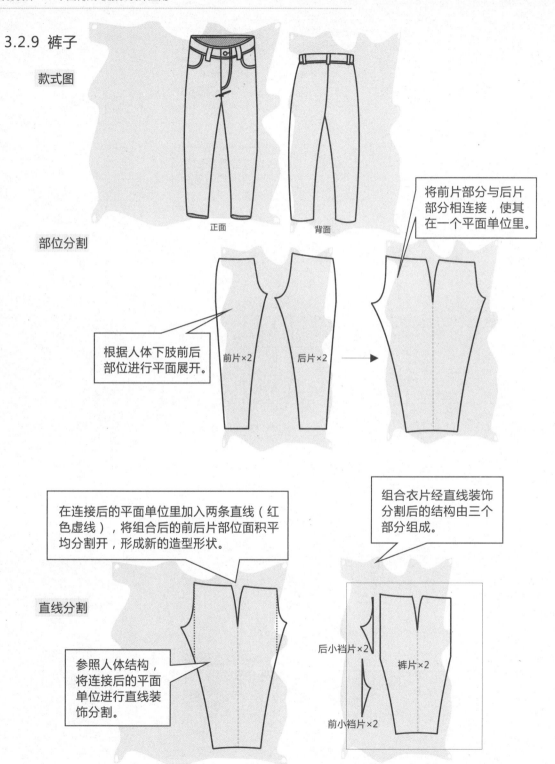

正面　　　　背面

部位分割

将前片部分与后片部分相连接，使其在一个平面单位里。

根据人体下肢前后部位进行平面展开。

前片×2　　后片×2

组合衣片经直线装饰分割后的结构由三个部分组成。

在连接后的平面单位里加入两条直线（红色虚线），将组合后的前后片部位面积平均分割开，形成新的造型形状。

直线分割

参照人体结构，将连接后的平面单位进行直线装饰分割。

后小裆片×2

前小裆片×2

裤片×2

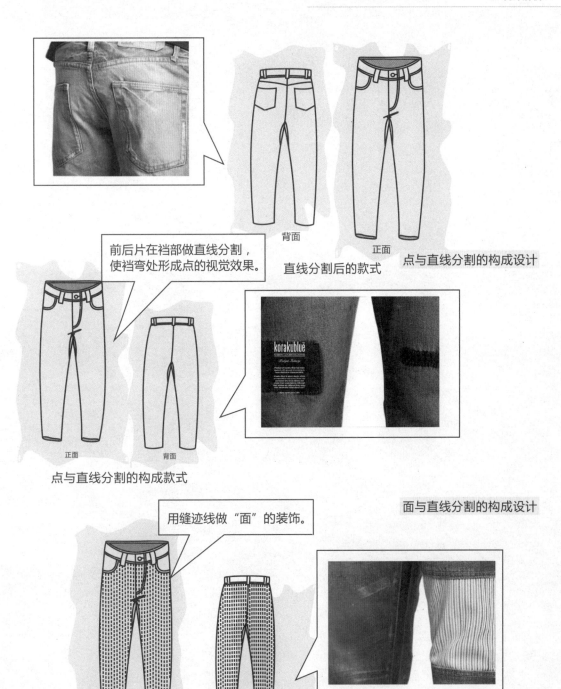

背面

正面

直线分割后的款式

点与直线分割的构成设计

前后片在裆部做直线分割，使裆弯处形成点的视觉效果。

正面

背面

点与直线分割的构成款式

面与直线分割的构成设计

用缝迹线做"面"的装饰。

正面

背面

面与直线分割的构成款式

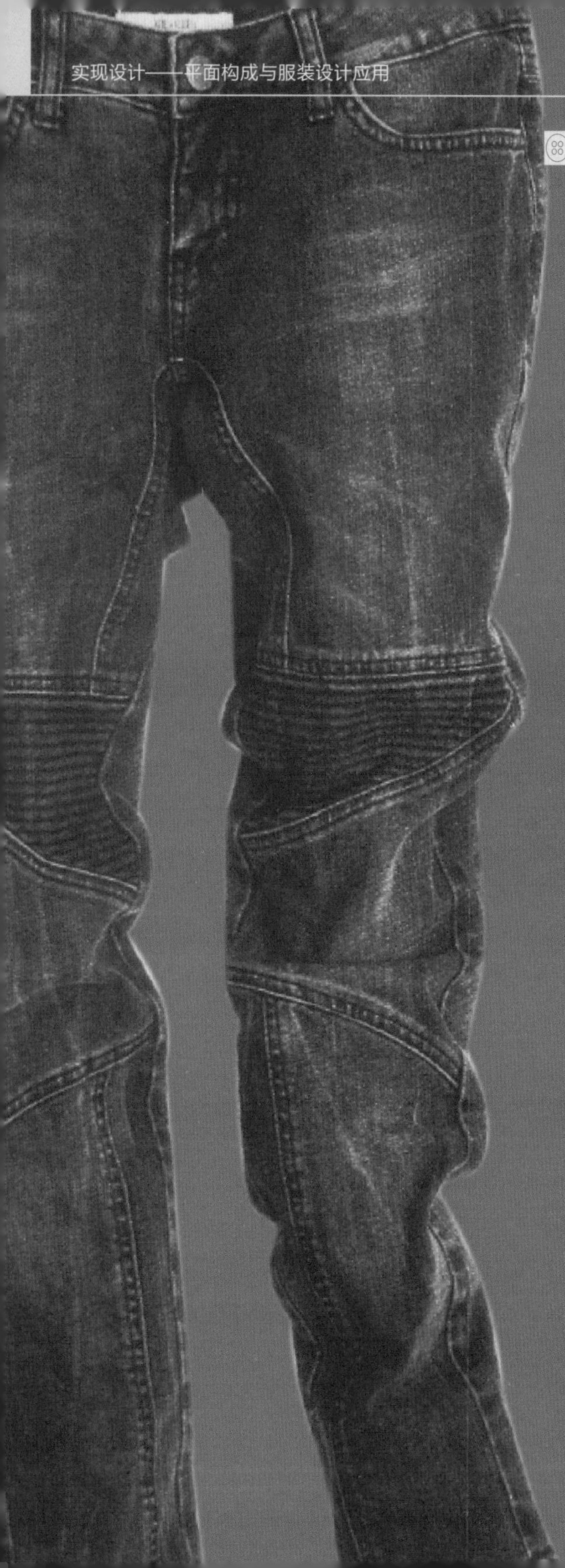

⊗ 曲线分割

在连接后的平面单位里加入一条曲线 AB（红色虚线），将组合后的前后片部位面积分割开，形成新的造型形状。

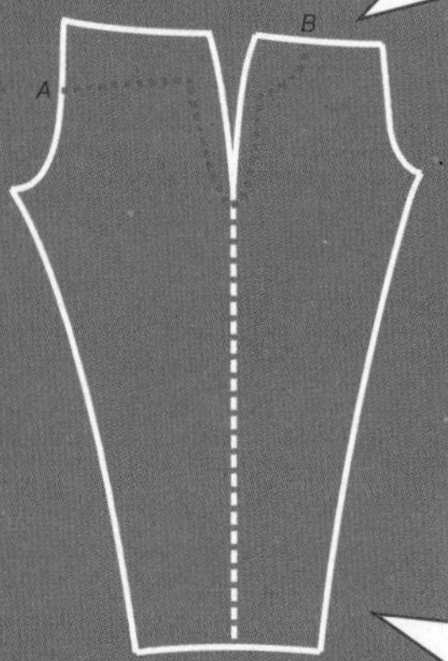

B

A

参照人体结构，将连接后的平面单位进行曲线装饰分割。

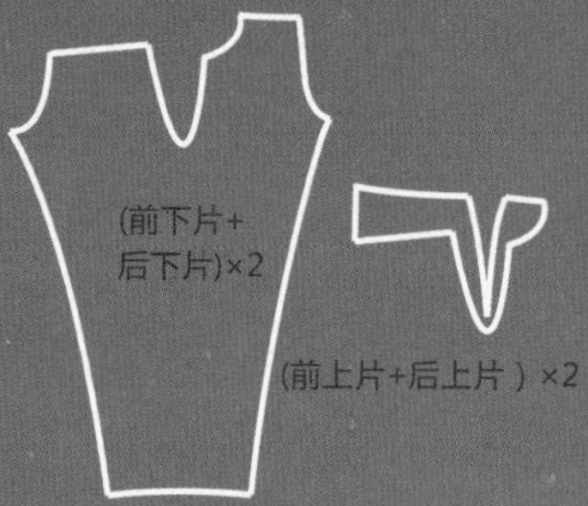

(前下片+后下片)×2

(前上片+后上片)×2

衣片经曲线装饰分割后的结构由两个部分组成。

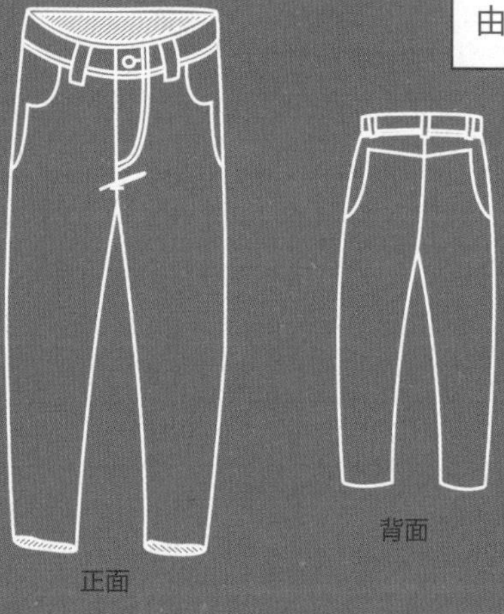

正面

背面

曲线分割后的款式

点与曲线分割的构成设计

在曲线构成的前片口袋处用
玫瑰花做"点"的构成。

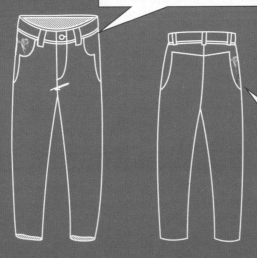

在曲线构成的后片侧缝处用
玫瑰花做"点"的构成。

正面　　　　　　　背面

点与曲线分割的构成款式

面与曲线分割的构成设计

在曲线构成的前、后口袋处
做"面"的对比构成。

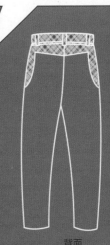

正面　　　　　　　背面

面与曲线分割的构成款式